黄山鸟类

编著 林清贤 尹莺
钱阳平 张丽荣
王夏晖
摄影 林清贤 杨炎霖
王海婴 尹莺
董国泰 郑小兵
刘忠祥

中国环境出版集团·北京

图书在版编目（CIP）数据

黄山鸟类 / 林清贤等编著 .—北京：中国环境出版集团，2019.5

ISBN 978-7-5111-3592-6

Ⅰ.①黄… Ⅱ.①林… Ⅲ.①黄山—鸟类 Ⅳ.① Q959.708

中国版本图书馆 CIP 数据核字（2018）第 065072 号

出 版 人 武德凯
策划编辑 王素娟
责任编辑 王 菲
责任校对 任 丽
封面设计 彭 杉

出版发行 中国环境出版集团（100062 北京市东城区广渠门内大街16号）
网　　址：http://www.cesp.com.cn
电子邮箱：bjgl@cesp.com.cn
联系电话：010-67112765 编辑管理部
010-67122011 第四分社
发行热线：010-67125803 010-67113405（传真）
印　　刷 北京中科印刷有限公司
经　　销 各地新华书店
版　　次 2019年5月第1版
印　　次 2019年5月第1次印刷
开　　本 889×1194 1/16
印　　张 16
字　　数 180千字
定　　价 160.00元

《黄山鸟类》编委会

主　　任　黄林沐

副 主 任　宋生钰　林清贤　张丽荣

成　　员　杨新虎　桂剑锋　吴　峰　王　进　姚剑飞

编　　著　林清贤　尹　莺　钱阳平　张丽荣　王夏晖

摄　　影　林清贤　杨炎霖　王海婴　尹　莺　董国泰
　　　　　郑小兵　刘忠祥

外业调查　钱阳平　叶要清　苏加明　朱　瀛　陈　杰
　　　　　迟　斌　王昭成　操文明　胡徽晖　谢　杰
　　　　　包　强　胡降临　王　洋　余　悦　位纯西
　　　　　蔡丛笑　张笑天　蒋鹏飞　张金华

前 言

黄山风景区是我国国家级重点风景名胜区，素以“奇松、怪石、云海、温泉、冬雪”五绝享誉海内外，自古就有“黄山归来不看岳”之美誉。近年来，美丽的黄山更以其世界文化与自然遗产、世界地质公园和世界生物圈保护区汇聚一身而跻身世界级风景名胜区之林。在 2014 年 11 月澳大利亚悉尼举行的第六届 IUCN（世界自然保护联盟）世界公园大会上，被评选为世界 26 个自然单元之一，成为我国风景名胜区开展自然保护卓有成效的杰出代表，这是黄山的荣誉，更是中国的荣誉。

黄山风景区地处我国亚热带季风气候区，是钱塘江和长江两大水系的分水岭，具有独特的地质地貌条件和丰富的生物多样性，是全球气候变化过程中具有重要环境变化指示作用和森林生态系统服务价值体现的代表性区域。通过对其生态资源与环境本底的研究，可以揭示全球气候变化的影响以及森林对气候变化的响应。

鸟类是自然生态系统中最活跃、最引人注目的组成部分，是环境评价体系中最常用、最重要的指标之一。黄山鸟类的研究历史可追溯到 20 世纪 30 年代。1936 年，常麟定报道了黄山鸟类 17 种，1960 年，郑作新、钱燕文报道了黄山鸟类 83 种，1981 年，王岐山等在综合前人研究的基础上报道了黄山鸟类共 174 种。20 世纪 80 年代以后在黄山周边的一些区域（黄山市范围内）陆陆续续有些鸟类的相关报道（李炳华，1987；徐亚君，1997；唐鑫生等，2008；王剑，2010）。综合这些文献报道，黄山共有鸟类记录 208 种，但其中有些种类仍需进一步加以确认，如剑鸻（*Charadrius hiaticula*）、褐山鹪莺（*Prinia polychroa*）、粉红山椒鸟（*Pericrocotus roseus*）等记录在 2017 年出版的《安徽鸟类图志》中未被采用。

受黄山风景区委托，2015 年厦门大学的鸟类研究团队在黄山开展了为期 3 年多的鸟类资源调查，主要在黄山风景区进行调查，同时也在黄山景区的周边区县（黄山区、徽州区、屯溪区、休宁县、黟县）进行了实地调查，并记录沿途观察到的鸟类。此次调查共在黄山记录了鸟类 188 种，其中 42 种为黄山鸟类的新记录，更有安徽省鸟类新记录 4 种，另有 2 种为安徽省近 20 年未有野外记录（参照《安徽鸟类图志》）。

综合文献报道和此次调查结果，目前黄山区域共记录鸟类 246 种。

老一辈的研究学者主要通过标本来进行鸟类研究（郑作新等，1960；王岐山，1981），但随着保护意识的提高，捕杀鸟类制作标本进行研究受到了越来越多的限制，通过相机进行鸟类拍摄成为鸟类研究的重要手段。此次调查共在黄山拍摄到鸟类177种，大部分照片都带有拍摄点的地理位置（GPS）信息，可为今后的相关研究提供可信、确凿的资料。应黄山风景区管委会的要求，将调查的记录及拍摄的照片整理成册。为了保证本图册的科学严谨性，本书中所有的鸟类图片皆为在黄山本地拍摄，同时为了尽可能丰富本书的内容，部分清晰度不好但能进行物种辨认的鸟类图片也收入了本书。

本书分类体系以及中文名、学名和英文名均主要参照《中国鸟类分类与分布名录（第三版）》（郑光美，2017），并吸收部分最新研究进展。本书序论简单介绍了黄山鸟类概况，包括黄山鸟类多样性、黄山鸟类名录、黄山鸟类群落的变迁及黄山鸟类分布情况等内容；接下来为黄山鸟类各论，共收录黄山鸟类172种、图片约580张，从形态特征、生态习性、分布状况等方面加以介绍。适用于鸟类研究学者、鸟类保护管理人员、观鸟和鸟类摄影爱好者及到黄山的游客参考使用。

感谢倪志强提供海南鳽的照片，感谢万勇提供铜蓝鹟的记录，感谢叶要清提供部分红外监测照片，感谢周放、孙悦华和丁长青等鸟类研究专家对本书提出的修改建议和意见。

由于野外调查的时间相对较短，不少区域未能详细调查，可以肯定还有不少黄山的鸟类记录仍待发现。加之编写时间仓促，编者水平有限，书中遗漏和不足之处在所难免，恳请专家及读者指正并提出宝贵意见。

林清贤

2018年8月于厦门大学

目　录

黄山鸟类

序　论

一、黄山鸟类多样性

在2015—2018年野外调查的基础上，结合正式发表的研究文献记载，明确黄山共有鸟类记录18目61科246种，约占安徽鸟类总物种数的60%。其中水鸟（游禽和涉禽）50种，非水鸟196种，非水鸟中雀形目139种；国家Ⅰ级重点保护鸟类3种，Ⅱ级27种；中国特有鸟类7种；被列入《中国濒危动物红皮书》的鸟类有7种，列入国家保护的有益的或者有重要经济、科学研究价值的《陆生野生动物名录》（以下简称“三有名录”）的鸟类有170种；列入《濒危野生动植物种国际贸易公约》（CITES）附录Ⅰ的有2种，附录Ⅱ的有28种；世界自然保护联盟（IUCN）（2017）红色名录受胁物种7种。

黄山鸟类中有留鸟114种、夏候鸟52种、冬候鸟54种、过境鸟26种。候鸟的种类占总物种数一半以上，其中列入《中华人民共和国政府和日本国政府保护候鸟及其栖息环境的协定》（以下简称中日联合保护候鸟）的有87种；列入《中华人民共和国政府和澳大利亚政府保护候鸟及其栖息环境的协定》（以下简称中澳联合保护候鸟）的有18种，说明黄山地处“东亚—澳大利亚”候鸟迁徙通道上。

2015—2018年的调查共在黄山记录鸟类188种，其中在黄山风景区调查到鸟类174种，另有14种在黄山市郊、宏村和太平湖等地记录到，主要为一些水鸟，分别为普通鸬鹚、白琵鹭、绿头鸭、白眉鸭、白骨顶、黑翅长脚鹬、凤头麦鸡、长嘴剑鸻、扇尾沙锥、鹤鹬、青脚鹬、黑腹滨鹬、火斑鸠和喜鹊。

二、黄山鸟类名录

2015—2018年的调查共在黄山记录鸟类188种，加上以往正式发表的文献记录黄山共有鸟类250种，但在2017年出版的《安徽鸟类图志》未将褐山鹪莺（*Prinia polychroa*）、棕褐短翅莺（*Locustella luteoventris*）、棕腹柳莺（*Phylloscopus subaffinis*）、剑鸻（*Charadrius hiaticula*）、灰斑鸠（*Streptopelia decaocto*）和粉红山椒鸟（*Pericrocotus roseus*）这6种列入，除了棕腹柳莺和棕褐短翅莺在此次调查中有记录，在本书中将其他4种列入存疑鸟种，不统计在黄山鸟类物种名录中，因而黄山鸟类目前共有鸟类记录246种（见表1）。[说明：王岐山记录的剑鸻为 *placidus* 亚种，现在已提升为长嘴剑鸻（*Charadrius placidus*）种；褐山鹪莺和粉红山椒鸟的分布区与黄山相隔甚远；灰斑鸠有可能出现在黄山，但需确认。]

黄山鸟类的历史记录中还有5种鸟类未被《安徽鸟类图志》收入，但在本书中附录一“有文献记录但未列入本书的鸟类物种名录”中列出，它们分别为中华鹧鸪（*Francolinus pintadeanus*）、毛脚鵟（*Buteo lagopus*）、小鳞胸鹪鹛（*Pnoepyga pusilla*）、褐顶雀鹛（*Alcippe brunnea*）和白喉林鹟（*Rhinomyias brunneata*）。其中，小鳞胸鹪鹛和褐顶雀鹛在此次黄山鸟类实地调查中有记录，另外3种为老一辈鸟类学者通过标本进行鉴定，而且这些种类的特征比较明显，应为准确记录，因而在本书中将其列入。

2015—2018 年调查记录的 188 种中有 42 种未出现在以往黄山鸟类的文献记录中，分别为：中白鹭、海南鳽、白琵鹭、斑嘴鸭、白眉鸭、蛇雕、松雀鹰、白腹隼雕、鹰雕、燕隼、黑水鸡、白骨顶、黑翅长脚鹬、针尾沙锥、鹤鹬、青脚鹬、矶鹬、长趾滨鹬、黑腹滨鹬、须浮鸥、噪鹃、小鸦鹃、小白腰雨燕、斑姬啄木鸟、崖沙燕、黄腹鹨、橙腹叶鹎、红尾歌鸲、白顶溪鸲、斑鸫、灰纹鹟、铜蓝鹟、小黑领噪鹛、丽星鹩鹛、淡绿䴗鹛、栗颈凤鹛、短尾鸦雀、褐柳莺、黑眉柳莺、栗头鹟莺、普通朱雀和田鹀。其中白顶溪鸲、铜蓝鹟、丽星鹩鹛和普通朱雀为安徽省鸟类新记录，另外，棕褐短翅莺、棕腹柳莺、小鳞胸鹪鹛和褐顶雀鹛为近 20 年在安徽省无野外观测记录鸟种。

表 1 黄山鸟类名录

中文名	拉丁名	英文名
一、鸡形目	**Galliformes**	
（一）雉科	**Phasianidae**	
1. 中华鹧鸪	*Francolinus pintadeanus*	Chinese Francolin
2. 鹌鹑	*Coturnix japonica*	Japanese Quail
3. 灰胸竹鸡	*Bambusicola thoracicus*	Chinese Bamboo Partridge
4. 勺鸡	*Pucrasia macrolopha*	Koklass Pheasant
5. 白鹇	*Lophura nycthemera*	Silver Pheasant
6. 白颈长尾雉	*Syrmaticus ellioti*	Elliot's Pheasant
7. 雉鸡	*Phasianus colchicus*	Common Pheasant
二、雁形目	**Anseriformes**	
（二）鸭科	**Anatidae**	
8. 豆雁	*Anser fabalis*	Taiga Bean Goose
9. 翘鼻麻鸭	*Tadorna tadorna*	Common Shelduck
10. 鸳鸯	*Aix galericulata*	Mandarin Duck
11. 花脸鸭	*Sibirionetta formosa*	Baikal Teal
12. 绿翅鸭	*Anas crecca*	Eurasian Teal
13. 绿头鸭	*Anas platyrhynchos*	Mallard
14. 斑嘴鸭	*Anas zonorhyncha*	Chinese Spot-billed Duck
15. 白眉鸭	*Spatula querquedula*	Garganey
三、䴙䴘目	**Podicipediformes**	
（三）䴙䴘科	**Podicipedidae**	
16. 小䴙䴘	*Tachybaptus ruficollis*	Little Grebe
17. 凤头䴙䴘	*Podiceps cristatus*	Great Crested Grebe
四、鸽形目	**Columbiformes**	
（四）鸠鸽科	**Columbidae**	
18. 山斑鸠	*Streptopelia orientalis*	Oriental Turtle Dove
19. 火斑鸠	*Streptopelia tranquebarica*	Red Turtle Dove
20. 珠颈斑鸠	*Spilopelia chinensis*	Spotted Dove

续 表

中文名	拉丁名	英文名
五、夜鹰目	**Caprimulgiformes**	
（五）夜鹰科	**Caprimulgidae**	
21. 普通夜鹰	*Caprimulgus jotaka*	Grey Nightjar
（六）雨燕科	**Apodidae**	
22. 白喉针尾雨燕	*Hirundapus caudacutus*	White-throated Needletail
23. 白腰雨燕	*Apus pacificus*	Pacific Swift
24. 小白腰雨燕	*Apus nipalensis*	House Swift
六、鹃形目	**Cuculiformes**	
（七）杜鹃科	**Cuculidae**	
25. 红翅凤头鹃	*Clamator coromandus*	Chestnut-winged Cuckoo
26. 鹰鹃	*Hierococcyx sparverioides*	Large Hawk-Cuckoo
27. 四声杜鹃	*Cuculus micropterus*	Indian Cuckoo
28. 大杜鹃	*Cuculus canorus*	Common Cuckoo
29. 小杜鹃	*Cuculus poliocephalus*	Asian Lesser Cuckoo
30. 噪鹃	*Eudynamys scolopaceus*	Asian Koel
31. 小鸦鹃	*Centropus bengalensis*	Lesser Coucal
七、鹤形目	**Gruiformes**	
（八）秧鸡科	**Rallidae**	
32. 红脚苦恶鸟	*Amaurornis akool*	Brown Crake
33. 白胸苦恶鸟	*Amaurornis phoenicurus*	White-breasted Waterhen
34. 黑水鸡	*Gallinula chloropus*	Common Moorhen
35. 骨顶鸡	*Fulica atra*	Eurasian Coot
八、鸻形目	**Charadriiformes**	
（九）反嘴鹬科	**Recurvirostridae**	
36. 黑翅长脚鹬	*Himantopus himantopus*	Black-winged Stilt
（十）鸻科	**Charadriidae**	
37. 凤头麦鸡	*Vanellus vanellus*	Northern Lapwing
38. 灰头麦鸡	*Vanellus cinereus*	Grey-headed Lapwing
39. 长嘴剑鸻	*Charadrius placidus*	Long-billed Plover
40. 金眶鸻	*Charadrius dubius*	Little Ringed Plover
41. 环颈鸻	*Charadrius alexandrinus*	Kentish Plover
（十一）鹬科	**Scolopacidae**	
42. 丘鹬	*Scolopax rusticola*	Eurasian Woodcock
43. 针尾沙锥	*Gallinago stenura*	Pin-tailed Snipe
44. 扇尾沙锥	*Gallinago gallinago*	Common Snipe
45. 鹤鹬	*Tringa erythropus*	Spotted Redshank
46. 青脚鹬	*Tringa nebularia*	Common Greenshank
47. 白腰草鹬	*Tringa ochropus*	Green Sandpiper
48. 林鹬	*Tringa glareola*	Wood Sandpiper
49. 矶鹬	*Actitis hypoleucos*	Common Sandpiper
50. 长趾滨鹬	*Calidris subminuta*	Long-toed Stint

续 表

中文名	拉丁名	英文名
51. 黑腹滨鹬	*Calidris alpina*	Dunlin
（十二）鸥科	**Laridae**	
52. 白额燕鸥	*Sternula albifrons*	Little Tern
53. 须浮鸥	*Chlidonias hybrida*	Whiskered Tern
九、鹳形目	**Ciconiiformes**	
（十三）鹳科	**Ciconiidae**	
54. 黑鹳	*Ciconia nigra*	Black Stork
55. 东方白鹳	*Ciconia boyciana*	Oriental Stork
十、鲣鸟目	**Suliformes**	
（十四）鸬鹚科	**Phalacrocoracidae**	
56. 普通鸬鹚	*Phalacrocorax carbo*	Great Cormorant
十一、鹈形目	**Pelecaniformes**	
（十五）鹮科	**Threskiornithidae**	
57. 白琵鹭	*Platalea leucorodia*	Eurasian Spoonbill
（十六）鹭科	**Ardeidae**	
58. 苍鹭	*Ardea cinerea*	Grey Heron
59. 草鹭	*Ardea purpurea*	Purple Heron
60. 中白鹭	*Ardea intermedia*	Intermediate Egret
61. 白鹭	*Egretta garzetta*	Little Egret
62. 牛背鹭	*Bubulcus coromandus*	Eastern Cattle Egret
63. 池鹭	*Ardeola bacchus*	Chinese Pond Heron
64. 绿鹭	*Butorides striata*	Striated Heron
65. 夜鹭	*Nycticorax nycticorax*	Black-crowned Night Heron
66. 海南鳽	*Gorsachius magnificus*	White-eared Night Heron
67. 黄斑苇鳽	*Ixobrychus sinensis*	Yellow Bittern
68. 紫背苇鳽	*Ixobrychus eurhythmus*	Von Schrenck's Bittern
69. 栗苇鳽	*Ixobrychus cinnamomeus*	Cinnamon Bittern
70. 黑苇鳽	*Dupetor flavicollis*	Black Bittern
71. 大麻鳽	*Botaurus stellaris*	Great Bittern
十二、鹰形目	**Accipitriformes**	
（十七）鹰科	**Accipitridae**	
72. 黑冠鹃隼	*Aviceda leuphotes*	Black Baza
73. 黑鸢	*Milvus migrans*	Black Kite
74. 蛇雕	*Spilornis cheela*	Crested Serpent Eagle
75. 白尾鹞	*Circus cyaneus*	Hen Harrier
76. 凤头鹰	*Accipiter trivirgatus*	Crested Goshawk
77. 赤腹鹰	*Accipiter soloensis*	Chinese Sparrowhawk
78. 松雀鹰	*Accipiter virgatus*	Besra
79. 雀鹰	*Accipiter nisus*	Eurasian Sparrowhawk
80. 普通鵟	*Buteo japonicus*	Eastern Buzzard

续 表

中文名	拉丁名	英文名
81. 毛脚鵟	*Buteo lagopus*	Rough-legged Buzzard
82. 林雕	*Ictinaetus malaiensis*	Black Eagle
83. 白腹隼雕	*Aquila fasciata*	Bonelli's Eagle
84. 鹰雕	*Nisaetus nipalensis*	Mountain Hawk-Eagle
十三、鸮形目	**Strigiformes**	
（十八）鸱鸮科	**Strigidae**	
85. 雕鸮	*Bubo bubo*	Eurasian Eagle-Owl
86. 褐林鸮	*Strix leptogrammica*	Brown Wood Owl
87. 领鸺鹠	*Glaucidium brodiei*	Collared Owlet
88. 斑头鸺鹠	*Glaucidium cuculoides*	Asian Barred Owlet
89. 鹰鸮	*Ninox scutulata*	Brown Hawk-Owl
90. 长耳鸮	*Asio otus*	Long-eared Owl
91. 短耳鸮	*Asio flammeus*	Short-eared Owl
（十九）草鸮科	**Tytonidae**	
92. 草鸮	*Tyto longimembris*	Eastern Grass Owl
十四、犀鸟目	**Bucerotiformes**	
（二十）戴胜科	**Upupidae**	
93. 戴胜	*Upupa epops*	Common Hoopoe
十五、佛法僧目	**Coraciiformes**	
（二十一）蜂虎科	**Meropidae**	
94. 蓝喉蜂虎	*Merops viridis*	Blue-throated Bee-eater
（二十二）佛法僧科	**Coraciidae**	
95. 三宝鸟	*Eurystomus orientalis*	Oriental Dollarbird
（二十三）翠鸟科	**Alcedinidae**	
96. 普通翠鸟	*Alcedo atthis*	Common Kingfisher
97. 白胸翡翠	*Halcyon smyrnensis*	White-throated Kingfisher
98. 蓝翡翠	*Halcyon pileata*	Black-capped Kingfisher
99. 冠鱼狗	*Megaceryle lugubris*	Crested Kingfisher
100. 斑鱼狗	*Ceryle rudis*	Pied Kingfisher
十六、啄木鸟目	**Piciformes**	
（二十四）拟啄木鸟科	**Capitonidae**	
101. 大拟啄木鸟	*Megalaima virens*	Great Barbet
（二十五）啄木鸟科	**Picidae**	
102. 斑姬啄木鸟	*Picumnus innominatus*	Speckled Piculet
103. 星头啄木鸟	*Dendrocopos canicapillus*	Grey-capped Pygmy Woodpecker
104. 大斑啄木鸟	*Dendrocopos major*	Great Spotted Woodpecker
105. 灰头绿啄木鸟	*Picus canus*	Grey-headed Woodpecker
十七、隼形目	**Falconiformes**	
（二十六）隼科	**Falconidae**	
106. 红隼	*Falco tinnunculus*	Common Kestrel

续 表

中文名	拉丁名	英文名
107. 燕隼	*Falco subbuteo*	Eurasian Hobby
十八、雀形目	**Passeriformes**	
（二十七）黄鹂科	**Oriolidae**	
108. 黑枕黄鹂	*Oriolus chinensis*	Black-naped Oriole
（二十八）莺雀科	**Vireonidae**	
109. 淡绿鵙鹛	*Pteruthius xanthochlorus*	Green Shrike Babbler
（二十九）山椒鸟科	**Campephagidae**	
110. 暗灰鹃䴗	*Coracina melaschistos*	Black-winged Cuckooshrike
111. 小灰山椒鸟	*Pericrocotus cantonensis*	Swinhoe's Minivet
112. 灰山椒鸟	*Pericrocotus divaricatus*	Ashy Minivet
113. 灰喉山椒鸟	*Pericrocotus solaris*	Grey-chinned Minivet
（三十）卷尾科	**Dicruridae**	
114. 黑卷尾	*Dicrurus macrocercus*	Black Drongo
115. 灰卷尾	*Dicrurus leucophaeus*	Ashy Drongo
116. 发冠卷尾	*Dicrurus hottentottus*	Hair-crested Drongo
（三十一）王鹟科	**Monarchidae**	
117. 寿带	*Terpsiphone incei*	Amur Paradise Flycatcher
（三十二）伯劳科	**Laniidae**	
118. 虎纹伯劳	*Lanius tigrinus*	Tiger Shrike
119. 牛头伯劳	*Lanius bucephalus*	Bull-headed Shrike
120. 红尾伯劳	*Lanius cristatus*	Brown Shrike
121. 棕背伯劳	*Lanius schach*	Long-tailed Shrike
（三十三）鸦科	**Corvidae**	
122. 松鸦	*Garrulus glandarius*	Eurasian Jay
123. 灰喜鹊	*Cyanopica cyanus*	Azure-winged Magpie
124. 红嘴蓝鹊	*Urocissa erythroryncha*	Red-billed Blue Magpie
125. 灰树鹊	*Dendrocitta formosae*	Grey Treepie
126. 喜鹊	*Pica pica*	Common Magpie
127. 寒鸦	*Coloeus monedula*	Eurasian Jackdaw
128. 秃鼻乌鸦	*Corvus frugilegus*	Rook
129. 大嘴乌鸦	*Corvus macrorhynchos*	Large-billed Crow
130. 白颈鸦	*Corvus torquatus*	Collared Crow
（三十四）山雀科	**Paridae**	
131. 煤山雀	*Periparus ater*	Coal Tit
132. 黄腹山雀	*Pardaliparus venustulus*	Yellow-bellied Tit
133. 远东山雀	*Parus minor*	Japanese Tit
（三十五）百灵科	**Alaudidae**	
134. 小云雀	*Alauda gulgula*	Oriental Skylark
（三十六）扇尾莺科	**Cisticolidae**	
135. 棕扇尾莺	*Cisticola juncidis*	Zitting Cisticola

续 表

中文名	拉丁名	英文名
136. 金头扇尾莺	*Cisticola exilis*	Golden-headed Cisticola
137. 山鹪莺	*Prinia crinigera*	Striated Prinia
138. 纯色山鹪莺	*Prinia inornata*	Plain Prinia
（三十七）鳞胸鹪鹛科	**Pnoepygidae**	
139. 小鳞胸鹪鹛	*Pnoepyga pusilla*	Pygmy Wren-Babbler
（三十八）蝗莺科	**Locustellidae**	
140. 棕褐短翅莺	*Locustella luteoventris*	Brown Bush Warbler
（三十九）燕科	**Hirundinidae**	
141. 崖沙燕	*Riparia riparia*	Sand Martin
142. 家燕	*Hirundo rustica*	Barn Swallow
143. 金腰燕	*Cecropis daurica*	Red-rumped Swallow
144. 烟腹毛脚燕	*Delichon dasypus*	Asian House Martin
（四十）鹎科	**Pycnonotidae**	
145. 领雀嘴鹎	*Spizixos semitorques*	Collared Finchbill
146. 黄臀鹎	*Pycnonotus xanthorrhous*	Brown-breasted Bulbul
147. 白头鹎	*Pycnonotus sinensis*	Light-vented Bulbul
148. 栗背短脚鹎	*Hemixos castanonotus*	Chestnut Bulbul
149. 绿翅短脚鹎	*Ixos mcclellandii*	Mountain Bulbul
150. 黑短脚鹎	*Hypsipetes leucocephalus*	Black Bulbul
（四十一）柳莺科	**Phylloscopidae**	
151. 褐柳莺	*Phylloscopus fuscatus*	Dusky Warbler
152. 棕腹柳莺	*Phylloscopus subaffinis*	Buff-throated Warbler
153. 黄腰柳莺	*Phylloscopus proregulus*	Pallas's Leaf Warbler
154. 黄眉柳莺	*Phylloscopus inornatus*	Yellow-browed Warbler
155. 极北柳莺	*Phylloscopus borealis*	Arctic Warbler
156. 华南冠纹柳莺	*Phylloscopus goodsoni*	Hartert's Leaf Warbler
157. 黑眉柳莺	*Phylloscopus ricketti*	Sulphur-breasted Warbler
158. 栗头鹟莺	*Seicercus castaniceps*	Chestnut-crowned Warbler
（四十二）树莺科	**Cettiidae**	
159. 日本树莺	*Horornis diphone*	Japanese Bush Warbler
160. 强脚树莺	*Horornis fortipes*	Brownish-flanked Bush Warbler
161. 棕脸鹟莺	*Abroscopus albogularis*	Rufous-faced Warbler
（四十三）长尾山雀科	**Aegithalidae**	
162. 银喉长尾山雀	*Aegithalos glaucogularis*	Silver-throated Bushtit
163. 红头长尾山雀	*Aegithalos concinnus*	Black-throated Bushtit
（四十四）莺鹛科	**Sylviidae**	
164. 灰头鸦雀	*Psittiparus gularis*	Grey-headed Parrotbill
165. 短尾鸦雀	*Neosuthora davidiana*	Short-tailed Parrotbill
166. 棕头鸦雀	*Sinosuthora webbiana*	Vinous-throated Parrotbill

续 表

中文名	拉丁名	英文名
（四十五）绣眼鸟科	**Zosteropidae**	
167. 栗颈凤鹛	*Yuhina torqueola*	Chestnut-collared Yuhina
168. 暗绿绣眼鸟	*Zosterops japonicus*	Japanese White-eye
（四十六）林鹛科	**Timaliidae**	
169. 华南斑胸钩嘴鹛	*Pomatorhinus swinhoei*	Grey-sided Scimitar Babbler
170. 棕颈钩嘴鹛	*Pomatorhinus ruficollis*	Streak-breasted Scimitar Babbler
171. 红头穗鹛	*Stachyridopsis ruficeps*	Rufous-capped Babbler
（四十七）幽鹛科	**Pellorneidae**	
172. 褐顶雀鹛	*Alcippe brunnea*	Dusky Fulvetta
173. 淡眉雀鹛	*Alcippe hueti*	Huet's Fulvetta
（四十八）噪鹛科	**Leiothrichidae**	
174. 黑脸噪鹛	*Garrulax perspicillatus*	Masked Laughingthrush
175. 小黑领噪鹛	*Garrulax monileger*	Lesser Necklaced Laughingthrush
176. 黑领噪鹛	*Garrulax pectoralis*	Greater Necklaced Laughingthrush
177. 灰翅噪鹛	*Garrulax cineraceus*	Moustached Laughingthrush
178. 棕噪鹛	*Garrulax berthemyi*	Rufous Laughingthrush
179. 画眉	*Garrulax canorus*	Hwamei
180. 红嘴相思鸟	*Leiothrix lutea*	Red-billed Leiothrix
（四十九）䴓科	**Sittidae**	
181. 普通䴓	*Sitta europaea*	Eurasian Nuthatch
（五十）河乌科	**Cinclidae**	
182. 褐河乌	*Cinclus pallasii*	Brown Dipper
（五十一）椋鸟科	**Sturnidae**	
183. 八哥	*Acridotheres cristatellus*	Crested Myna
184. 黑领椋鸟	*Gracupica nigricollis*	Black-collared Starling
185. 丝光椋鸟	*Spodiopsar sericeus*	Red-billed Starling
186. 灰椋鸟	*Spodiopsar cineraceus*	White-cheeked Starling
（五十二）鸫科	**Turdidae**	
187. 怀氏虎鸫	*Zoothera aurea*	White's Thrush
188. 乌鸫	*Turdus mandarinus*	Chinese Blackbird
189. 红尾鸫	*Turdus naumanni*	Naumann's Thrush
190. 斑鸫	*Turdus eunomus*	Dusky Thrush
（五十三）鹟科	**Muscicapidae**	
191. 红尾歌鸲	*Larvivora sibilans*	Rufous-tailed Robin
192. 红胁蓝尾鸲	*Tarsiger cyanurus*	Orange-flanked Bluetail
193. 鹊鸲	*Copsychus saularis*	Oriental Magpie Robin
194. 北红尾鸲	*Phoenicurus auroreus*	Daurian Redstart
195. 红尾水鸲	*Rhyacornis fuliginosa*	Plumbeous Water Redstart
196. 白顶溪鸲	*Chaimarrornis leucocephalus*	White-capped Water Redstart
197. 小燕尾	*Enicurus scouleri*	Little Forktail

续 表

中文名	拉丁名	英文名
198. 白冠燕尾	*Enicurus leschenaulti*	White-crowned Forktail
199. 东亚石䳭	*Saxicola stejnegeri*	Stejneger's Stonechat
200. 灰林䳭	*Saxicola ferreus*	Grey Bushchat
201. 白喉矶鸫	*Monticola gularis*	White-throated Rock Thrush
202. 栗腹矶鸫	*Monticola rufiventris*	Chestnut-bellied Rock Thrush
203. 蓝矶鸫	*Monticola solitarius*	Blue Rock Thrush
204. 紫啸鸫	*Myophonus caeruleus*	Blue Whistling Thrush
205. 白喉林鹟	*Rhinomyias brunneatus*	Brown-chested Jungle Flycatcher
206. 灰纹鹟	*Muscicapa griseisticta*	Grey-streaked Flycatcher
207. 乌鹟	*Muscicapa sibirica*	Dark-sided Flycatcher
209. 北灰鹟	*Muscicapa dauurical*	Asian Brown Flycatcher
209. 鸲姬鹟	*Ficedula mugimaki*	Mugimaki Flycatcher
210. 红喉姬鹟	*Ficedula albicilla*	Taiga Flycatcher
211. 白腹蓝鹟	*Cyanoptila cyanomelana*	Blue-and-white Flycatcher
212. 铜蓝鹟	*Eumyias thalassinus*	Verditer Flycatcher
（五十四）太平鸟科	**Bombycillidae**	
213. 太平鸟	*Bombycilla garrulus*	Bohemian Waxwing
（五十五）丽星鹩鹛科	**Elachuridae**	
214. 丽星鹩鹛	*Elachura formosus*	Spotted Elachura
（五十六）叶鹎科	**Chloropseidae**	
215. 橙腹叶鹎	*Chloropsis hardwickii*	Orange-bellied Leafbird
（五十七）雀科	**Passeridae**	
216. 山麻雀	*Passer cinnamomeus*	Russet Sparrow
217. 麻雀	*Passer montanus*	Eurasian Tree Sparrow
（五十八）梅花雀科	**Estrildidae**	
218. 白腰文鸟	*Lonchura striata*	White-rumped Munia
219. 斑文鸟	*Lonchura punctulata*	Scaly-breasted Munia
（五十九）鹡鸰科	**Motacillidae**	
220. 山鹡鸰	*Dendronanthus indicus*	Forest Wagtail
221. 白鹡鸰	*Motacilla alba*	White Wagtail
222. 黄鹡鸰	*Motacilla tschutschensis*	Eastern Yellow Wagtail
223. 灰鹡鸰	*Motacilla cinerea*	Grey Wagtail
224. 理氏鹨	*Anthus richardi*	Richard's Pipit
225. 树鹨	*Anthus hodgsoni*	Olive-backed Pipit
226. 水鹨	*Anthus spinoletta*	Water Pipit
227. 黄腹鹨	*Anthus rubescens*	Buff-bellied Pipit
（六十）燕雀科	**Fringillidae**	
228. 燕雀	*Fringilla montifringilla*	Brambling
229. 普通朱雀	*Carpodacus erythrinus*	Common Rosefinch
230. 黄雀	*Spinus spinus*	Eurasian Siskin

续 表

中文名	拉丁名	英文名
231. 金翅雀	*Chloris sinica*	Grey-capped Greenfinch
232. 锡嘴雀	*Coccothraustes coccothraustes*	Hawfinch
233. 黑尾蜡嘴雀	*Eophona migratoria*	Chinese Grosbeak
234. 黑头蜡嘴雀	*Eophona personata*	Japanese Grosbeak
（六十一）鹀科	**Emberizidae**	
235. 凤头鹀	*Emberiza lathami*	Crested Bunting
236. 蓝鹀	*Emberiza siemsseni*	Slaty Bunting
237. 三道眉草鹀	*Emberiza cioides*	Meadow Bunting
238. 白眉鹀	*Emberiza tristrami*	Tristram's Bunting
239. 栗耳鹀	*Emberiza fucata*	Chestnut-eared Bunting
240. 小鹀	*Emberiza pusilla*	Little Bunting
241. 黄眉鹀	*Emberiza chrysophrys*	Yellow-browed Bunting
242. 田鹀	*Emberiza rustica*	Rustic Bunting
243. 黄喉鹀	*Emberiza elegans*	Yellow-throated Bunting
244. 黄胸鹀	*Emberiza aureola*	Yellow-breasted Bunting
245. 栗鹀	*Emberiza rutila*	Chestnut Bunting
246. 灰头鹀	*Emberiza spodocephala*	Black-faced Bunting

三、黄山的鸟类群落动态

2015—2018 年的调查与鸟类专家王岐山 1976—1981 年在黄山的调查结果相比较，后者的调查多出了 56 种，同时有 40 种没有调查到，两次调查的鸟类总种数为 227 种，共有鸟种数 133 种。虽然调查的方法和范围不尽相同，但两次调查有如此大的差异说明黄山在近 40 年来鸟类群落的物种组成发生了较大变化。其中最明显的是之前的一些鸦科种类的消失，如灰喜鹊、寒鸦、秃鼻乌鸦、大嘴乌鸦和白颈鸦在 2015—2018 年的调查中都没有记录，而喜鹊在黄山风景区也基本消失，仅在黄山市区有少量的记录。这些鸦科种类个体较大易于观察记录，不少种类喜欢在人居环境周边活动，据当地人介绍，他们小时候经常见到乌鸦和喜鹊现在也都见不到了，因而此次调查没有这些鸦科鸟类记录应不是调查不完整。

除了有些种类消失，也有不少新的鸟类物种出现。新记录的一些种类中不少种类应该是近年来才自然扩散到黄山的，如牛背鹭、小白腰雨燕、黑水鸡、栗耳凤鹛、黑眉柳莺、黑领椋鸟和灰喉山椒鸟等，这些鸟类在黄山数量比较多，而且容易观察记录、不易混淆。

除了鸟类种类有差别，有些物种在黄山的居留情况也有些变化，如部分鹭科鸟类，如王岐山记录的池鹭、白鹭在黄山为夏候鸟，但现在在冬季仍然可以见到不少的数量，它们在黄山已经变成了留鸟。再如，《安徽鸟类图志》中把牛背鹭、夜鹭和绿鹭记为夏候鸟，但这 3 种鸟在 2017 年 12 月下旬的调查中都有记录，应为留鸟。

四、黄山重要鸟点简介

1. 黄山南大门至温泉酒店

该区域植被比较茂密，林木比较高大，主要植被为阔叶林、竹林，海拔高度在500～700米。鸟类物种比较丰富，常见鸟类有白鹇、大拟啄木鸟、灰头绿啄木鸟、星头啄木鸟、斑姬啄木鸟、大斑啄木鸟、山斑鸠、白冠燕尾、小燕尾、红尾水鸲、紫啸鸫、领雀嘴鹎、白头鹎、黑鹎、绿翅短脚鹎、栗背短脚鹎、灰喉山椒鸟、红嘴蓝鹊、灰树鹊、松鸦、发冠卷尾、大山雀、红头长尾山雀、画眉、灰眶雀鹛、棕颈钩嘴鹛、黑枕黄鹂、灰头鸦雀等，在冬季一些山上的鸟也会扩散到该区域，如红嘴相思鸟、棕噪鹛、黄腹山雀等。在冬季还有一些冬候鸟出现，如虎斑地鸫、斑鸫、北红尾鸲等。

2. 谭家桥

谭家桥是以前王岐山采集黄山鸟类标本的主要地点之一。该区域的生境类型比较多样，除了森林，还有较大面积的农田、村庄，同时水系也比较发达，因而鸟类资源比较丰富。该区域的主要鸟类有斑嘴鸭、鸳鸯、黑水鸡、普通翠鸟、蓝翡翠、灰头麦鸡、鹰雕、白头鹎、领雀嘴鹎、橙腹叶鹎、红嘴蓝鹊、白鹡鸰、麻雀、家燕、金腰燕、丝光椋鸟等，冬季在农田区域的鹀科鸟类比较多，如灰头鹀、小鹀、黄眉鹀、白眉鹀、黄喉鹀、田鹀等，春季鸟类过境时栗鹀、黄胸鹀等有比较大的数量。

3. 浮溪

浮溪位于黄山浮丘峰和云门峰之间的峡谷内，为黄山景点猴谷所在地。该区域植被主要为阔叶林、竹林及茶园等，鸟类资源比较丰富，是多家高校的生物学专业的野外实习基地。该区域的常见鸟类有林雕、凤头鹰、红尾水鸲、白额燕尾、紫啸鸫、褐河乌、红嘴蓝鹊、灰树鹊、山麻雀、大山雀、红头长尾山雀、黑眉柳莺、冠纹柳莺、白头鹎、红头穗鹛、画眉等。2015年12月当地村民捕获一只海南鳽。

4. 石门峡

石门峡包括石门峡景区及石门峡水库等区域，是位于黄山东部的一条大峡谷，植被茂密，水系较黄山其他景点发达。该区域猛禽种类较多，记录有白腹隼雕、林雕、鹰雕、凤头鹰、赤腹鹰、松雀鹰、燕隼等，常见鸟类有冠鱼狗、蓝翡翠、普通翠鸟、绿鹭、白鹭、池鹭、草鹭、矶鹬、斑嘴鸭、白头鹎、黄臀鹎、领雀嘴鹎、绿翅短脚鹎、栗背短脚鹎、红头穗鹛、棕颈钩嘴鹛、斑胸钩嘴鹛、画眉、灰眶雀鹛、栗耳凤鹛、黑领噪鹛、松鸦、灰树鹊、红嘴蓝鹊、发冠卷尾等，在该区域记录到的安徽鸟类新记录有白顶溪鸲。

5. 黄山主景区

黄山主景区包括从云谷索道上站至玉屏索道上站沿途。该区海拔较高，大都在 1 500 米以上，植被茂密，主要为黄山松林和阔叶林。分布的鸟类与低海拔区域有较大的区别，常见种类有白鹇、红嘴相思鸟、棕噪鹛、烟腹毛脚燕、煤山雀、大山雀、冠纹柳莺、强脚树莺、蓝鹀等。其中烟腹毛脚燕聚群在各索道站及宾馆等人工建筑（如云谷索道站、玉屏索道站、友谊广场、白鹅宾馆、迎客松景区）筑巢繁殖，数量较多，应为夏候鸟，这与《安徽鸟类图志》描述为旅鸟有出入。

在黄山主景区有些鸟类相对集中分布点，如始信峰、白鹅岭、光明顶等，这些鸟点除了上述常见鸟种外还记录到一些其他鸟种，如在始信峰记录到白腰雨燕、小杜鹃、小鳞胸鹪鹛等；白鹅岭记录到普通朱雀、铜蓝鹟、小鳞胸鹪鹛，其中前两者为安徽省鸟类新记录；光明顶记录到棕褐短翅莺、黄腹山雀、栗头鹟莺、棕脸鹟莺等，上一笔黄山的棕褐短翅莺的记录要追溯到 1936 年（常麟定，1936），由于多年未见，此后的一些鸟类研究学者甚至将该记录排除在黄山及安徽的鸟类名录外。

6. 半山寺

半山寺位于慈光寺往迎客松的登山道上，海拔约 1 300 米，周边植被发达，以阔叶林为主，为登山道上鸟类分布比较集中的地点。主要鸟种有白鹇、三宝鸟、白额燕尾、红嘴相思鸟、冠纹柳莺、栗腹矶鸫、领雀嘴鹎、白头鹎、画眉、棕颈钩嘴鹛、黑领噪鹛、红头穗鹛、大山雀、蓝鹀等。在半山寺周边的峡谷中记录到丽星鹩鹛，为安徽省鸟类新记录。

7. 太平湖

太平湖风景区地处黄山市黄山区西北部，介于黄山、九华山之间，水域面积达 88.6 平方千米，湖区周边植被以森林为主，包括阔叶林及马尾松林等。太平湖主要鸟类有黑鸢、小䴙䴘、鸬鹚、斑嘴鸭、苍鹭、白鹭、池鹭等，其中黑鸢的数量比较多。周边林区鸟类也比较丰富，常见的有灰头绿啄木鸟、山斑鸠、红头长尾山雀、灰眶雀鹛、黑领噪鹛、小黑领噪鹛、棕颈钩嘴鹛、红头穗鹛、灰头鸦雀、山麻雀、发冠卷尾、灰卷尾、松鸦、灰树鹊、红嘴蓝鹊等。

8. 黟县宏村

宏村位于黄山市黟县，为著名旅游景点，主要生境为村庄、农田、水库等。宏村鸟类资源比较丰富，主要种类为黑水鸡、绿翅鸭、斑嘴鸭、长嘴剑鸻、扇尾沙锥、黑腹滨鹬、白腰草鹬、白鹭、池鹭、珠颈斑鸠、山斑鸠、斑头鸺鹠、红尾水鸲、红头长尾山雀、银喉长尾山雀、大山雀、白鹡鸰、灰鹡鸰、白头鹎、领雀嘴鹎、乌鸫、黑领椋鸟、丝光椋鸟、斑鸫、燕雀、山麻雀等。

9. 新安江（屯溪区段）

新安江为黄山市区周边最大的水系，冬季水鸟资源比较丰富。常见的鸟类有小鸊鷉、普通鸬、白鹭、池鹭、鸳鸯、斑嘴鸭、绿翅鸭、凤头麦鸡、长嘴剑鸻、扇尾沙锥、矶鹬、白腰草鹬、青脚鹬、普通翠鸟、斑鱼狗、冠鱼狗、小云雀、白鹡鸰、黄腹鹨、家燕、崖沙燕、斑鸫、黑尾蜡嘴雀、麻雀、金翅雀、灰头鹀、小鹀、田鹀等。

五、黄山鸟类拍摄

随着经济水平的提高及相机的普及，我国涌现出越来越多的鸟类摄影爱好者，他们的出现为我国鸟类学研究提供了有益补充，我国或地方不少的鸟类新记录就是由这些鸟类摄影爱好者发现的。同时大量精美的鸟类摄影作品为鸟类保护宣传推广、提高公众的鸟类保护意识做出了巨大的贡献。

黄山是我国国家级重点风景名胜区，鸟类资源丰富，可以考虑作为新的旅游项目加以引导开发。黄山的许多鸟类由于长期适应了人来人往的场面，性不惧人，易于接近，是鸟类生态摄影的理想场所。

2015 年 6 月起，厦门大学及厦门观鸟会的摄影爱好者多次到黄山调查拍摄鸟类，共在黄山调查到鸟类 188 种，其中拍摄到鸟类 177 种。此次调查的主要目的是在黄山调查并拍摄记录野生鸟类，但由于拍摄的艰巨性，有些照片质量不大理想，故本书选择其中 172 种，未录入本书的鸟类物种名录见表 2。

表 2　有调查记录但未录入本书的鸟类物种

中文名	拉丁学名	备　注
黑苇鳽	*Dupetor flavicollis*	有照片记录，极不清晰
红隼	*Falco tinnunculus*	有拍摄记录，不清楚，删除
鹌鹑	*Coturnix japonica*	见到，未能拍到
白胸苦恶鸟	*Amaurornis phoenicurus*	仅听到叫声
红翅凤头鹃	*Clamator coromandus*	仅听到叫声
鹰鹃	*Cuculus sparverioides*	仅听到叫声
小杜鹃	*Cuculus poliocephalus*	仅听到叫声
噪鹃	*Eudynamys scolopaceus*	仅听到叫声
领鸺鹠	*Glaucidium brodiei*	仅听到叫声
铜蓝鹟	*Eumyias thalassina*	有拍摄记录，不清楚，删除
斑胸钩嘴鹛	*Pomatorhinus erythrogenys*	仅听到叫声
丽星鹩鹛	*Spelaeornis formosus*	仅听到叫声
褐顶雀鹛	*Alcippe brunnea*	仅听到叫声
棕褐短翅莺	*Bradypterus luteoventris*	仅听到叫声
褐柳莺	*Phylloscopus fuscatus*	有照片记录，极不清晰
黄腰柳莺	*Phylloscopus proregulus*	有照片记录，极不清晰

大部分照片带有拍摄地点的地理位置信息，可通过点击文件属性下方的谷歌地图图标直接在谷歌地图上显示拍摄位置，如下面的普通朱雀拍摄于白鹅岭。

部分调查拍摄工具

拍摄过程

黄山鸟类

各论

一、鸡形目

鸡形目为陆禽。体结实。嘴短，上嘴微弯曲略长于下嘴，适于地面啄食；翼短圆，不善飞行；腿、脚强健，具锐爪，善于行走和掘地寻食。中国共有2科63种，安徽省有1科7种，黄山记录1科7种。

鸡形目

灰胸竹鸡

拉丁学名： *Bambusicola thoracicus*

英 文 名： Chinese Bamboo Partridge

地方俗名： 华南竹鹧鸪、竹鹧鸪、普通竹鸡、中华竹鸡、竹鸡

形态特征： 体长约 33 厘米，体型中等的红棕色鹑类。嘴黑色，脚绿色或黄褐色，虹膜红褐色。头顶和后颈橄榄褐色，具不甚明显的暗褐色纹，颊、耳羽及颈侧栗棕色。额与眉纹灰色，眉纹粗著且长，向后一直延伸至后颈。上体橄榄棕褐色，背具栗斑和白斑。下体前部棕色，后部棕黄色，前胸灰蓝色，向上伸至两肩和上背，形成环状，环后紧缘以栗红色。两胁具黑褐色斑。雌鸟和雄鸟相似，雌鸟体稍小，且跗跖无距。

生态习性： 留鸟。杂食性。栖息于低山丘陵及平原地带的竹林、灌丛、草丛及耕地。常成群活动，冬季结群较大，繁殖季节则分散活动。每群有固定的活动区域，取食地和栖息地较固定，领域性较强。3 月进入繁殖期，常营巢于茂密的灌丛、草丛、竹林地面。

分布概况： 黄山广泛分布，常见于低海拔合适生境，高海拔区也有但比较罕见。

保护级别： 中国特有种。

鸡形目

勺鸡

拉丁学名： *Pucrasia macrolopha*

英 文 名： Koklass Pheasant

地方俗名： 柳叶鸡、角鸡

形态特征： 体长约 61 厘米，身形紧凑的一种雉类。嘴近褐色下钩，脚暗红色，虹膜褐色。雄鸟头部色深，具明显耳羽束。颈侧具两块明显白斑。上背皮黄色；胸栗色；其他部位的体羽为长的白色羽毛上具黑色矛状纹。雌鸟全身偏棕褐色，耳羽束不明显，背部斑纹似雄鸟。

生态习性： 留鸟。杂食性，植食为主，主要吃植物的根、果实及种子。雄鸟和雌鸟单独或成对活动，性情机警，很少结群，夜晚也成对在树枝上过夜。雄鸟在清晨和傍晚时喜欢鸣叫，沙哑的嗓音就像公鸭一样。秋冬季则结成家族小群。遇警情时深伏不动。雄鸟炫耀时耳羽束竖起。常在地面以树叶、杂草筑巢。

分布概况： 黄山高海拔区域，较常见。

保护级别： 国家Ⅱ级保护鸟类。

勺鸡（前雌后雄）（黄山红外相机拍摄照片）

鸡形目

白鹇（xián）

拉丁学名： *Lophura nycthemera*

英 文 名： Silver Pheasant

地方俗名： 银鸡、银雉、越鸟、越禽、白雉

形态特征： 雄鸟体长约110厘米，雌鸟体长约60厘米，体态娴雅、外观美丽的大型雉类。嘴黄，粗短而强壮，上嘴先端微向下曲。脚鲜红，跗蹠裸出，雄性具距；趾完全裸出，后趾位置较高于他趾。雌雄异色。雄鸟头上具蓝黑色羽冠，脸裸露红色，虹膜褐色；上体白色而密布“V”形黑纹。下体蓝黑色。尾白而长，中央尾羽纯白，其余尾羽具黑斑和细纹。雌鸟具暗色冠羽及红色脸颊裸皮；体羽橄榄褐色，尾较雄性短。

生态习性： 留鸟。杂食性，植食为主。栖息于多林的山地，尤喜在山林下层的浓密竹丛间活动。性警觉，受惊后迅速奔跑逃离。聚群活动，主要在晨昏出现，夜间聚群栖息于树上。营巢于林下灌丛间地面凹处或草丛中，巢较简陋，主要由枯草、树叶、松针和羽毛构成。

分布概况： 黄山风景区广泛分布，从低海拔到高海拔都有，常见。

保护级别： 国家Ⅱ级保护野生动物。

竹林中的白鹇（雌鸟）

雌鸟

雄鸟

鸡形目

白颈长尾雉

拉丁学名： *Syrmaticus ellioti*

英 文 名： Elliot's Pheasant

形态特征： 雄鸟体长约 81 厘米，雌鸟体长约 45 厘米。嘴黄、脚灰蓝，雄鸟具距。雌雄异色。雄鸟头灰褐色，脸裸露鲜红色，耳羽淡灰褐色，眼上有一短的白色眉纹；颏、喉及前颈黑色；后颈白色，颈侧沾灰；上背、胸和两翅栗色，上背和翅上均具一条宽阔白带；下背和腰黑色而具白斑；腹白色；尾灰色而具宽阔栗斑。雌鸟体羽棕褐色，上体杂以黑色厘斑，背具白色矢状斑；喉、前颈黑色，腹偏白色；中央尾羽灰白而密杂以栗褐色斑点和横斑，外侧尾羽和尾下覆羽栗色，具黑色次端斑和白色羽端。

生态习性： 留鸟。杂食性，植食为主。常呈小群活动。多出入于森林茂密、地形复杂的崎岖山地和山谷间，常在竹林中活动。性胆怯而机警，难得一见。营巢于林下或林缘岩石下、草丛中、灌丛间和大树脚下，巢甚为隐蔽，主要由枯枝落叶和草茎构成，盘状。

分布概况： 小岭脚、汤口。

保护级别： 中国特有种，国家Ⅰ级保护野生动，列入 CITES 附录Ⅰ。

白颈长尾雉（黄山红外相机拍摄到的照片）

鸡形目

雉鸡

拉丁学名：*Phasianus colchicus*

英 文 名：Common Pheasant

地方俗名：环颈雉、野鸡、山鸡、野山鸡、七彩山鸡

形态特征：雄鸟体长约 85 厘米，雌鸟体长约 60 厘米。雄鸟，嘴角质色，脚灰褐色，具短距。头顶灰褐色，颈部黑色具绿色金属光泽，下具白色颈环（部分亚种无白色颈环）；背、肩栗色，具白色月牙斑，体侧偏黄具深褐色短横斑，下背和腰部两侧沾灰，中部灰绿色；胸、腹部红色，带金属光泽且具较密的深色鳞状斑；尾羽褐色，长而具黑色横斑。雌鸟体型较小，体色较暗淡，周身密布浅褐色斑纹，尾较短，灰褐色。

生态习性：留鸟。杂食性，以植食为主。栖息于中、低海拔的灌丛、竹丛或草丛中，也常见于农田间。善于奔跑，飞行快速而有力。善鸣叫。性羞怯，较惧人，常集小群活动。多营巢于灌丛、芦苇丛或草丛中的地面上，也会在农田里。

分布概况：在黄山广泛分布于低山丘陵区域，在农田生境中常见。

保护级别：国家“三有”保护鸟类。

雌鸟

雄鸟飞行

换羽中

雄鸟

二、雁形目

雁形目为中、大型游禽。嘴多扁平，尖端具嘴甲，两侧边缘具栉状突起；翅长而尖，许多种类翅上具有翼镜；脚短，前趾间具蹼，后趾较高不着地。中国共有 1 科 51 种，安徽省有 1 科 32 种，黄山记录 1 科 8 种。

雁形目

鸳鸯

拉丁学名：*Aix galericulata*

英 文 名：Mandarin Duck

地方俗名：中国官鸭、官鸭

形态特征：体长约 40 厘米，中等体型、色彩艳丽的鸭子，雌雄异色。雄鸟色彩艳丽，嘴红色扁平，腿近黄色，虹膜褐色。头顶中央深绿色，并具金属光泽；枕部铜赤色，与后颈的暗紫绿色长羽组成羽冠。眉纹白色，宽而长，并向后延伸构成羽冠的一部分。眼先淡黄色。颊部具棕栗色斑。颈侧为长矛形的辉栗色领羽。背部暗褐色，并具铜绿色金属光泽；翅膀色彩艳丽，主体黄棕色，外部深蓝色，具金属光泽，且拢翼后形成棕黄色“帆状”饰羽。雌鸟体色较暗淡，嘴呈灰色，头和后颈灰褐色，无冠羽，眼周白色，其后一条白纹与眼周白圈相连，形成特有的白色眉纹。颏、喉偏白色。上体灰褐色。胸、胸侧和两胁暗棕褐色，杂有淡色斑点，腹白。

生态习性：冬候鸟。杂食性，但以植食为主。栖息于溪流、湖泊、水塘、稻田、芦苇沼泽等湿地。生性机警，善隐蔽，飞行能力强。成对或聚群活动。营巢于树上洞穴或河岸，巢简陋。

分布概况：谭家桥、新安江、太平湖等地溪流生境，常见。

保护级别：国家Ⅱ级保护动物。

警觉

游泳

休息

雁形目

绿翅鸭

拉丁学名： *Anas crecca*

英 文 名： Eurasian Teal

地方俗名： 小凫、小水鸭、小麻鸭

形态特征： 体长约 37 厘米，体型较小的鸭子。嘴黑扁平，脚灰褐色，虹膜淡褐色。雌雄异色，雄鸟头颈深栗色，自眼周往后至颈部有一宽阔的具有光泽的绿色带斑。上背、两肩及两胁均黑白相间斑驳状。肩羽上有一道长长的白色条纹，翅膀上具明显绿色翼镜。下体棕白色，胸部满杂以黑色小圆点，下腹微具暗褐色细斑；深色的尾下羽外缘具皮黄色斑块。雌鸟上体暗褐色，具棕色或棕白色羽缘；下体白色或棕白色，杂以褐色斑点；下腹和两胁具暗褐色斑点。翼镜较雄鸟稍小，尾下覆羽白色，具黑色羽轴纹。

生态习性： 冬候鸟。杂食性。主要栖息在开阔、水生植物茂盛的湖泊和各种水塘中。喜集群。常营巢于湖泊、河流等水域岸边或附近草丛和灌木丛中地上，巢极隐蔽。

分布概况： 谭家桥、下芳村、新安江等溪流生境，常见。

保护级别： 国家“三有”保护鸟类，中日候鸟保护协定物种。

雄鸟

雌

雄

雁形目

绿头鸭

拉丁学名： *Anas platyrhynchos*

英 文 名： Mallard

地方俗名： 大头绿（雄）、蒲鸭（雌）

中雄，右雌，左为斑嘴鸭

形态特征： 体长 58 厘米，家鸭的野型。嘴黄色，脚橘黄色，虹膜褐色。雄鸟头颈深绿色且具金属光泽，具一较窄但明显的白色颈环。上背和两肩褐色，密杂以灰白色波状细斑，羽缘棕黄色；下背黑褐色，微具绿色光泽。两翅灰褐色，翼镜呈金属紫蓝色。上胸浓栗色，下胸和两胁灰白色，杂以细密的暗褐色波状纹。腹部淡色，亦密布暗褐色波状细斑。尾部灰褐色，中央两对尾羽黑色，向上卷曲成钩状，尾下覆羽绒黑色。雌鸟头顶至枕部黑褐色；头侧、后颈和颈侧浅棕黄色；贯眼纹黑褐色；上体黑褐色，具棕黄或棕白色羽缘，形成明显的“V”形斑；尾羽淡褐色。

生态习性： 冬候鸟。杂食性。主要栖息于水生植物丰富的湖泊、河流、池塘、沼泽等水域中。性好动，活动时常发出“嘎嘎嘎”的叫声，响亮清脆。喜集群。觅食多在清晨和黄昏，白天常在河湖岸边沙滩或湖心沙洲和小岛上休息或在开阔的水面上游泳。

分布概况： 新安江，罕见。

保护级别： 国家“三有”保护鸟类，中日候鸟保护协定名单。

斑嘴鸭群中的一对绿头鸭

雁形目

斑嘴鸭

拉丁学名： *Anas zonorhyncha*

英 文 名： Chinese Spot-billed Duck

地方俗名： 花嘴鸭、谷鸭、黄嘴尖鸭

形态特征： 体长约60厘米，体型较大的深褐色鸭子。嘴扁平，呈黑色，尖端黄色如斑。腿短，脚具蹼，珊瑚红色。虹膜褐色。头颈色浅，从额至枕棕褐色，从嘴基至耳羽前有一棕褐色纹；眉纹淡黄白色；颈前呈淡黄白色，并缀有暗褐色斑点。上背灰褐沾棕色，具棕白色羽缘，下背褐色，翅上覆羽暗褐色，羽端近白色，翼镜蓝紫色。胸淡棕白色，杂有褐斑；腹褐色，羽缘灰褐色至黑褐色；尾上覆羽和尾羽黑褐色，尾羽羽缘较浅淡。雌鸟似雄鸟，但上体后部较淡，下体自胸以下均淡白色，杂以暗褐色斑；嘴端黄斑不明显。

生态习性： 留鸟。杂食性，植食为主。主要栖息在内陆各类大小湖泊、水库等水域或沼泽地带。常成群活动，也和其他鸭类混群。善游泳，亦善于行走。活动时常成对或分散成小群游泳于水面，休息时多集中在岸边沙滩或水中小岛上，有时也将头反于背上，将嘴插于翅下，漂浮于水面休息。常营巢于湖泊、河流等水域岸边草丛或芦苇丛中。

分布概况： 谭家桥、石门峡、新安江、太平湖、宏村等地水域，常见。

保护级别： 国家“三有”保护鸟类。

群体

休息

飞行

雁形目

白眉鸭

拉丁学名： *Spatula querquedula*

英 文 名： Garganey

地方俗名： 小石鸭

形态特征： 体长约40厘米，体型较小的鸭类。嘴黑色，脚灰蓝色，虹膜栗色。雄鸟头呈深棕色，头顶色较深，有明显的白色眉纹。颈深栗色，密杂以白色细纹。上体暗褐色，具淡棕色羽缘。肩羽形长，黑白色。翼上具闪亮绿色带白边翼镜。胸浅棕色，腹白色，具暗色波状纹理。尾部色深，尾下覆羽棕白色，杂褐色斑点。雌鸟头顶至后颈黑褐色，杂以棕色细纹；眉纹棕白色，贯眼纹黑色，眼下面还有一条棕白色纹自额基向后延伸至耳区；其余头侧和颈侧亦为棕白色而具细密的暗褐色纹；颏、喉白色。翼镜暗橄榄色带白色羽缘。繁殖期后雄鸟似雌鸟，但飞行时翅上覆羽为灰蓝色。

生态习性： 冬候鸟。杂食性。栖息于湖泊、江河等各种水域中。常成对或成小群活动，迁徙和越冬期间也集成大群。性胆怯而机警。觅食多在水边浅水处或小型浅水湖泊和水塘中，且觅食多在夜间，白天在开阔水面或水草丛中休息。营巢于水边或离水域不远的厚密高草丛中或地上，巢隐蔽。

分布概况： 仅记录于丰乐河，罕见。

保护级别： 国家“三有”保护鸟类，中日、中澳候鸟保护协定物种。

飞行

三、䴙䴘目

䴙䴘目为外形如鸭的游禽。趾间具分离的瓣蹼，脚臀位，不便陆上行走，善游水和潜水；尾羽短，且全为绒毛。中国共有1科5种，安徽省有1科2种，黄山记录1科2种。

䴙䴘目

小䴙䴘

拉丁学名： *Tachybaptus ruficollis*

英 文 名： Little Grebe

地方俗名： 水葫芦、油鸭、小艄板儿

形态特征： 体长约 27 厘米，身形矮扁的似鸭水禽。嘴直而尖，黑色且尖端泛白；脚呈蓝灰色，位于身体后部。头圆颈短，头顶至后颈深褐色。前颈以及颈侧色较浅。背部深灰褐。翅膀圆而短小。腹部色浅而偏灰。尾甚短且为短小绒毛。繁殖期，喉及颈部羽色为深红色，上体羽色偏红褐，下体偏灰色，且嘴上具有明显的黄斑。

生态习性： 留鸟。肉食性，主要以鱼、虾为食。常栖息在湖泊、水塘、水库以及有水的水稻田间等水流缓慢的静水水体中。不善飞行，但善潜水。常单独活动，也三五集小群活动。繁殖时会在水面上追逐并发出特殊的鸣叫声。

分布概况： 黄山溪流、水库、鱼塘等水域，常见。

保护级别： 国家“三有”保护鸟类。

非繁殖羽

四、鸽形目

鸽形目为中小型陆禽，外形类鸽子。嘴平直或稍弯曲，嘴基柔软覆以蜡膜，嘴端膨大而具角质；脚短而强健，胫全被羽；嗉囊发达，有些种类可分泌“鸽乳”育雏。喜群栖。中国共有1科32种，安徽省有1科3种，黄山记录1科3种。

鸽形目

山斑鸠

拉丁学名： *Streptopelia orientalis*

英 文 名： Oriental Turtle Dove

地方俗名： 山鸠、金背斑鸠、麒麟鸠

形态特征： 体长约 32 厘米，中等体型的偏粉色斑鸠。嘴灰色粗短，脚红色，虹膜金黄色或橙色。前额和头顶前部蓝灰色，头顶后部至后颈转为沾栗的棕灰色。颈基两侧各有一块羽缘为蓝灰色的黑羽，形成显著颈斑。上背褐色，羽缘红褐色。下背及腰蓝灰色。下体红褐色，胸部沾灰，腹部淡灰色。两胁、腋羽蓝灰色。尾上覆羽褐色，具灰白色端斑，尾下覆羽蓝灰色。

生态习性： 留鸟。主要以果实、谷物为食。栖息于各种树林中。常成对或成小群活动，有时成对栖息于树上，或成对一起飞行和觅食。在地里面活动时十分活跃，常小步迅速前进，边走边觅食，头前后摆动。繁殖期为 4—7 月，营巢于树上。

分布概况： 黄山广泛分布，常见，数量多。

保护级别： 国家“三有”保护鸟类。

鸽形目

火斑鸠

拉丁学名： *Streptopelia tranquebarica*

英 文 名： Red Turtle Dove

地方俗名： 红鸠、红斑鸠、火鹁鸪

形态特征： 体长约23厘米，体型较小的酒红色斑鸠。嘴黑色粗短，脚红褐色，虹膜褐色。雄鸟头颈蓝灰色，后颈有一黑色领环横跨在后颈基部，并延伸至颈侧。颏、喉蓝灰白色。肩、背偏酒红，腰部暗蓝灰色。胸和腹部紫葡萄红色。尾暗蓝灰色，具宽阔的白色端斑。雌鸟额和头顶淡褐沾灰，后颈黑色领环具白边，较细窄，上体灰褐色，腰部缀有蓝灰色，下体较暗，略带粉红。

生态习性： 夏候鸟。主要以果实、种子为食。栖息于开阔的平原、田野、村庄、果园和山麓疏林及宅旁竹林地带。常成对或成群活动，有时亦与其他斑鸠混群活动。繁殖期为2—8月，常营巢于树上，隐蔽。

分布概况： 太平湖。

保护级别： 国家“三有”保护鸟类。

鸽形目

珠颈斑鸠

拉丁学名： *Streptopelia chinensis*

英 文 名： Spotted Dove

地方俗名： 珍珠鸠、斑颈鸠、珠颈鸽

形态特征： 体长约 30 厘米，中等体型的斑鸠。嘴深褐色，脚、趾红色，虹膜褐色。前额淡蓝色，至头顶逐渐变为淡粉红灰色。颈部有宽阔的黑色，密布白色细小斑点形成领斑。上体褐色，羽缘较淡。胸腹偏粉红色。尾较长，中央尾羽与背同色，但色较深，外侧尾羽黑色，具宽阔的白色端斑。雌鸟羽色和雄鸟相似，但较暗淡。

生态习性： 留鸟。主要以果实、种子为食。栖息于各种林地，常出现于村庄附近。一般不惧人，常小群活动，有时与其他斑鸠混群。营巢于小树枝杈上，或在矮树丛和灌木丛间营巢。

分布概况： 黄山广泛分布，常见，数量多。

保护级别： 国家“三有”保护鸟类。

五、夜鹰目

夜鹰目为中小型攀禽，包括以前的夜鹰目和雨燕目。嘴短而扁，嘴基宽阔。翅膀尖长、善飞行中捕捉昆虫。脚柔弱，前趾型，善于攀缘。中国共有4科22种，安徽省有2科4种，黄山记录2科4种。

夜鹰目

白腰雨燕

拉丁学名： *Apus pacificus*

英 文 名： Pacific Swift

地方俗名： 白尾根麻燕、大白腰野燕

形态特征： 体长约 18 厘米，体型较大的雨燕。嘴黑色，脚黑色，虹膜深褐色。通体污褐色。腰白色。尾呈深叉状。

生态习性： 夏候鸟。主要以昆虫为食。栖息于陡峻的山坡、悬岩，尤其是靠近河流、水库等水源附近的悬崖峭壁。喜成群。飞行速度甚快，常边飞边叫，声音尖细，为单音节。在飞行中捕食。繁殖期为 5—7 月。成群营巢。营巢于临近河边和悬崖峭壁裂缝中。

分布概况： 始信峰，罕见。

保护级别： 国家“三有”保护鸟类，中日、中澳候鸟协定保护物种。

夜鹰目

小白腰雨燕

拉丁学名： *Apus nipalensis*

英 文 名： House Swift

地方俗名： 小雨燕、台燕、家雨燕

形态特征： 体长约 15 厘米，体型较小的雨燕。嘴黑色，脚黑色，虹膜黑褐色。头部灰褐色。颏、喉灰白色。背部黑褐色，略带金属光泽。腰白色。尾为平尾，中间微凹。幼鸟与成鸟相似。但头部灰褐色稍淡，具淡灰褐色羽缘，下体暗褐色，具灰白色羽缘；腰、颏、喉羽干纹不明显。

生态习性： 夏候鸟。主要以昆虫为食。栖息地多样，岩壁、洞穴以及人居建筑物等处均可见。成群活动。有时亦与家燕混群飞翔于空中，飞翔速度快。繁殖期为 3—5 月。群巢，巢筑于峭壁、洞穴或建筑物的房屋墙壁、天花板上。

分布概况： 谭家桥、宏村、汤口等人居环境，常见。

保护级别： 国家“三有”保护鸟类，中日候鸟保护协定物种。

六、鹃形目

鹃形目为中小型攀禽。嘴型似鹰，微下弯但不具钩曲。脚细弱，对趾型，适于攀缘。多数种类具巢寄生现象。中国共有1科20种，安徽省有1科10种，黄山记录1科7种。

鹃形目

小鸦鹃

拉丁学名： *Centropus bengalensis*

英 文 名： Lesser Coucal

地方俗名： 小毛鸡、小黄蜂、小乌鸦雉

形态特征： 体长约 42 厘米，体型较大的棕色和黑色鸦鹃。嘴黑色，脚黑色，虹膜红色。躯干整体黑色，具深蓝色光泽，肩和两翼栗色，上体羽轴色淡形成明显白色羽干纹。

生态习性： 夏候鸟。主要以昆虫为食。栖息于低山丘陵和山脚平原地带的灌丛、草丛、果园和次生林中。常单独或成对活动。性机智而隐蔽。繁殖期为 3—8 月。营巢于茂密的灌木丛、矮竹丛和其他植物丛中。

分布概况： 谭家桥，罕见。

保护级别： 国家Ⅱ级保护野生动物。

七、鹤形目

鹤形目多为涉禽，体型大小不一。颈、腿多较长。脚具 3 趾或 4 趾，4 趾时后趾离地，与前 3 趾不在同一平面。中国共有 2 科 30 种，安徽省有 2 科 14 种，黄山记录 1 科 4 种。

鹤形目

红脚苦恶鸟

拉丁学名： *Amaurornis akool*

英 文 名： Brown Crake

地方俗名： 棕苦恶鸟

形态特征： 体长约 28 厘米，大小中等的秧鸡。嘴直黄绿色。脚趾长，红色，虹膜红褐色。头顶橄榄褐色，头侧灰色，后颈橄榄褐色，颈侧灰色，颏、喉白色。背部橄榄褐色，胸部灰色，腹部和尾下覆羽褐色。

生态习性： 留鸟。杂食性，主要以昆虫为食。栖息于长有芦苇或杂草的沼泽地和有灌木的高草丛、竹丛、灌木、农田中。一般成对活动。性机警、隐蔽，白天在植物茂密处或水边草丛中活动。繁殖期为 5—9 月。领域性强，营巢于水域附近的灌木丛、草丛或灌水的水稻田内，位置较为隐蔽。

分布概况： 石门峡、宏村等地，常见。

保护级别： 国家“三有”保护鸟类。

栖息环境

鹤形目

黑水鸡

拉丁学名： *Gallinula chloropus*

英 文 名： Common Moorhen

地方俗名： 红骨顶、红冠水鸡、黑面水鸡、乌水鸡

形态特征： 体长约31厘米，体型中等的涉禽。嘴黄绿色，嘴基与额甲红色，脚黄绿色，胫上部有一鲜红环带，虹膜红色。通体黑褐色，富有光泽。下腹中央白色，两胁灰黑褐色，具宽阔的白色长条状斑。尾下覆羽两侧白色，中央黑色，尾上翘时白斑明显。刚出生的雏鸟全身黑色，头顶裸露一小块，呈肉色，嘴红色，嘴尖黄色。亚成鸟上体灰褐色，和成鸟全黑色差异很大。飞羽黑褐色。喉灰白色，前胸棕褐色，后胸及腹灰白色。嘴部比较暗淡，没有红冠。

生态习性： 留鸟。杂食性，以动物性食物为主。栖息于淡水湿地、沼泽、湖泊、水库、苇塘、水渠和水稻。常成对或成小群活动。繁殖期为4—7月。雌雄成对单独繁殖，有时也成松散的小群集中在一个苇塘中繁殖，营巢于水边浅水处芦苇丛中或水草丛中，巢甚隐蔽。

分布概况： 黄山广泛分布于农田、溪流及水库生境，常见。

保护级别： 国家“三有”保护鸟类，中日候鸟保护协定物种。

幼鸟

亚成鸟

游泳

鹤形目

骨顶鸡

拉丁学名： *Fulica atra*

英 文 名： Eurasian Coot

地方俗名： 白骨顶、白冠水鸡

形态特征： 体长约40厘米，较黑水鸡大的黑水水鸡。嘴白色，脚灰绿色，虹膜红色。通体黑色。嘴和额甲白色明显。

生态习性： 冬候鸟。杂食性。栖息湖泊、水库、水塘、苇塘、水渠、河湾和深水沼泽等各种水域中。常集群活动。善游泳和潜水，一天的大部分时间都游弋在水中。繁殖期为5—7月。营巢于有开阔水面的水边芦苇丛和水草丛中，雌雄共同营巢。

分布概况： 丰乐河，常见。

保护级别： 国家“三有”保护鸟类。

八、鸻形目

鸻形目为中小型涉禽或游禽，包括比较繁杂的类群，有鸻鹬类、鸥类和海雀类三个大类群。翅长而尖，善长距离飞行，多为迁徙类鸟类。中国共有14科134种，安徽省有8科59种，黄山记录4科18种。

鸻形目

黑翅长脚鹬

拉丁学名： *Himantopus himantopus*

英 文 名： Black-winged Stilt

地方俗名： 高跷鸻、红腿娘子

形态特征： 体长约 37 厘米，身形修长的黑白色涉禽。嘴黑、长、直、尖，脚红、细、长，虹膜红色。夏羽雄鸟额白色，头顶至后颈黑色或白色而杂以黑色。上体全黑色，下体白色。翅上翅下全为黑色，故名黑翅。雌鸟似雄鸟，但整个头颈为白色，上背及肩褐色。冬羽似雌鸟夏羽，头颈白色，头顶至后背有时缀有灰色。幼鸟和冬羽相似，但头顶至后颈灰色或黑色，上背褐色。

生态习性： 旅鸟。杂食性，主要以小型水生动物为食。栖息于开阔平原草地中的湖泊、浅水塘和沼泽地带。常单独、成对或成小群在浅水中或沼泽地上活动，非繁殖期也常集成较大的群。边走边在地面或水面啄食，或通过疾速奔跑追捕食物，有时也将嘴插入泥中探觅食物。繁殖期为 5—7 月。营巢于开阔的湖边沼泽、草地或湖中露出水面的浅滩及沼泽地上，常集群营巢，有时也与其他水禽混群营巢。

分布概况： 丰乐河，数量较多。

保护级别： 国家“三有”保护鸟类，中日候鸟保护协定物种。

与其他鹬类混群

飞行

鸻形目

凤头麦鸡

拉丁学名： *Vanellus vanellus*

英 文 名： Northern Lapwing

地方俗名： 小辫鸻

形态特征： 体长约30厘米，体型较大的炫目形麦鸡。嘴近黑色，脚橙褐色，虹膜褐色。头顶具黑色辫状冠羽。前颈偏白，后颈灰黑色。背部墨绿色且具金属光泽。前胸黑色，腹白。尾上覆羽黑色，尾下覆羽白色。

生态习性： 冬候鸟。杂食性，以动物性食物为主。主要栖息于湖泊、水塘、沼泽、溪流和农田地带。性机警。当人接近时，伸颈注视，发现有危险则立即起飞。常成群活动。善飞行，常在空中上下翻飞，飞行速度较慢，两翅迟缓地扇动，飞行高度亦不高。繁殖期为5—7月。通常成对或成松散的小群在一起营巢。

分布概况： 新安江，常见，数量多。

保护级别： 国家“三有”保护鸟类，IUCN近危种（NT），中日候鸟保护协定物种。

休息中

飞行

飞行

鸻形目

灰头麦鸡

拉丁学名： *Vanellus cinereus*

英 文 名： Grey-headed Lapwing

地方俗名： 跳鸻、跳凫、海和尚

形态特征： 体长约 35 厘米，体型中等的麦鸡。嘴黄具黑端，脚黄色，爪黑色，虹膜红色。头、颈及前胸灰色，下胸具黑色横斑，后颈缀有褐色。背部褐色，翼后余部、腰白色。下体白色。飞翔时除翼尖和尾端黑色外，翅下和胸至尾全为白色，翅上初级飞羽和次级飞羽黑白分明。尾白色，具黑色端斑。冬羽头、颈多褐色，颏、喉白色，黑色胸带不明显。幼鸟头颈和胸褐色，喉白，无黑色胸带。

生态习性： 夏候鸟。杂食性，主要以昆虫为食。多成双或结小群活动于开阔的沼泽、水田、耕地、草地、河畔或山中池塘畔。喜欢长时间地站在水边半裸的草地和田埂上休息。繁殖期为 5 月下旬—7 月中旬。营巢于离水不远的草地上。

分布概况： 谭家桥，常见。

保护级别： 国家“三有”保护鸟类。

飞行

飞行

巢

蛋

警戒中

观望

鸻形目

长嘴剑鸻（héng）

拉丁学名： *Charadrius placidus*

英 文 名： Long-billed Plover

形态特征： 体长约 22 厘米，较为健壮的鸻。嘴黑较长，脚暗黄色，虹膜褐色。头部灰褐色，前部具黑色带斑。颏、喉、前颈白色；眉纹白色，耳羽黑褐色。后颈具较窄的颈环，颈环下还有一圈黑色环。上体灰褐色。后颈的白色领环延至胸前；其下部是一黑色胸带。下体余部皆白色。

生态习性： 留鸟。杂食性。喜活动于内陆水域附近的沼泽、河滩、田埂上。单独或成小群活动。在地上行走迅速，常沿水边边走边觅食。性机警，飞行快而急速，但通常飞行高度不高。繁殖期为 5—7 月。营巢于海岸、湖泊、河流等水域岸边沙石地上或河漫滩上。

分布概况： 新安江、宏村，常见。

保护级别： 国家“三有”保护鸟类。

休息

鸻形目

针尾沙锥

拉丁学名： *Gallinago stenura*

英 文 名： Pin-tailed Snipe

地方俗名： 针尾鹬、中沙锥、针尾水

形态特征： 体长约 24 厘米，敦实而腿短的沙锥。嘴较长且钝，褐色，嘴端色深。脚偏黄，虹膜褐色。上体平淡褐色，具白、黄及黑色的纵纹及蠕虫状斑纹；翼无白色后缘，翼下无白色宽横纹。下体白色，胸沾赤褐且多具黑色细斑；尾羽 26 枚，外侧 7 对成针状。

生态习性： 冬候鸟。杂食性，主要以小型无脊椎动物为食。常栖息于稻田、林中的沼泽和潮湿洼地。常单独或成松散的小群活动。性胆怯而机警，飞行时快速上下跳动，呈“锯齿”状飞行，受惊吓时发出惊叫声。

分布概况： 谭家桥，罕见过境鸟。

保护级别： 国家“三有”保护动物，中澳候鸟保护协定物种。

隐藏在草丛中的针尾沙锥

鸻形目

扇尾沙锥

拉丁学名： *Gallinago gallinago*

英 文 名： Common Snipe

地方俗名： 普通沙锥、田鹬

形态特征： 体长约 26 厘米，中等体型色彩明快的沙锥。嘴长、黄褐色，脚呈橄榄色，虹膜褐色。脸皮黄色，眼部上下条纹及贯眼纹色深；上体深褐色，具白及黑色的细纹及蠹斑；两翼细而尖，具较宽的白色翼缘，翼下具白色横纹，飞行时白色翼带明显，翼下具白斑明显。下体淡皮黄色具褐色纵纹。外侧尾羽很宽。

生态习性： 冬候鸟。杂食性，以小型无脊椎动物为主。栖息于富有植物和灌丛的开阔沼泽和湿地。常单独或成小群活动，多在晚上、黎明与黄昏时候活动。性机警，当有干扰时，常就地蹲下不动，或疾速跑至附近草丛中隐蔽，头颈紧缩，长嘴紧贴胸前，直到危险临近时才突然冲出，并伴随“嘎嘎嘎”的一声鸣叫而飞逃，被赶时跳出并作“锯齿形”飞行，边发出警叫声。

分布概况： 谭家桥、石门峡、新安江、宏村等地，常见。

保护级别： 国家“三有”保护鸟类，中日候鸟保护协定物种。

飞行时白色翼带明显斑明显

翼下具白斑明显

藏匿

觅食

藏匿

觅食

鸻形目

鹤鹬（yù）

拉丁学名： *Tringa erythropus*

英 文 名： Spotted Redshank

地方俗名： 点斑红脚鹬、红脚鹤鹬

非繁殖羽

繁殖羽

形态特征： 体长约 30 厘米，体型中等的涉禽。嘴细长，直而尖，嘴黑基部红色，脚红细长，虹膜黑褐色。夏季头颈黑色，眼圈白色，甚为醒目。上体呈黑白斑驳状。下体黑色，两肋具白色鳞状斑。尾暗灰色，具窄的白色横斑。冬季似红脚鹬，头颈灰褐色，自嘴基起有一长的白色眉纹经眼上到眼后，眉纹下有一黑褐色纹自嘴基到眼。上背灰褐色。腰白色。下体白色，前颈下部和胸微缀灰色斑点。胸侧和两胁具灰褐色横斑。尾白，具褐色横斑。幼鸟上体似冬羽，较褐。颏、喉白色，下体淡灰色，具灰褐色横斑。

生态习性： 冬候鸟。主要以小型水生动物为食。多栖息和活动在淡水或盐水水域中。常单独或成分散的小群活动。常觅食在水边沙滩和浅水处。有时进入水深到腹部的深水中，从水底啄取食物。繁殖期为 5—8 月。营巢于湖边草地、苔原和沼泽地带。

分布概况： 丰乐河，罕见过境鸟。

保护级别： 国家“三有”保护鸟类，中日候鸟保护协定物种。

鸻形目

青脚鹬

拉丁学名： *Tringa nebularia*
英 文 名： Common Greenshank
地方俗名： 青足鹬
形态特征： 体长约 32 厘米，体型中等的高挑偏灰色鹬。嘴稍长，微微上翘，较粗钝，灰色，尖端黑色。脚较长，淡灰绿色、草绿色或青绿色，有时为黄绿色或暗黄色。虹膜褐色。头顶至后颈灰褐色。背、肩灰褐或黑褐色，呈灰白斑驳状。下背和腰白色。下体白色，胸部具黑色纵纹。尾白色，具窄的灰褐色横斑。冬羽头颈白色，微具暗灰色条纹。上体淡褐灰色，下体白色，在下颈和上胸两侧具淡灰色纵纹，其余似夏羽。幼鸟似冬羽，但较褐，下体白色，颈和胸具细的褐色纵纹，两胁具淡褐色横斑。
生态习性： 冬候鸟。主要以小型水生动物为食。栖息于沿海和内陆的沼泽地带及大河流的泥滩。常单独或成对在水边浅水处涉水寻食，通常单独或三两成群。飞起时会伴随鸣叫。繁殖期为 5—7 月。营巢于林中或林缘地带的湖泊、溪流岸边和沼泽地上。
分布概况： 新安江、石门峡等地，常见冬候鸟。
保护级别： 国家“三有”保护鸟类，中日、中澳候鸟保护协定物种。

飞行时白腰明显

青脚鹬和鹤鹬混群

青脚鹬与凤头麦鸡等混群

鸻形目

白腰草鹬

拉丁学名： *Tringa ochropus*

英 文 名： Green Sandpiper

地方俗名： 草鹬、白尾梢

形态特征： 体长约 23 厘米，体型较为敦实的小型涉禽。嘴较长，灰褐色或暗绿色，尖端黑色。脚橄榄绿色或灰绿色。虹膜暗褐色。上体黑褐色，头部具白色纵纹，背部具白色斑点。腰白。下体白色，胸具黑褐色纵纹。尾白，具宽阔黑色横斑。飞翔时翅上翅下均为黑色，腰和腹白色。冬羽颜色较灰，胸部纵纹不明显，背和肩具不甚明显的皮黄色斑点。

生态习性： 冬候鸟。主要以小型无脊椎动物为食。主要栖息于沿海、河口、湖泊、河流、水塘、农田与沼泽地带。常单独或成对活动。繁殖期为 5—7 月。通常营巢于森林中的河流、湖泊岸边或林间沼泽地带，也在林缘河边、沼泽地及河边小岛上的草丛中或疏林中营巢。

分布概况： 广泛分布于溪流、湖库、农田等湿地生境，常见冬候鸟。

保护级别： 国家“三有”保护鸟类，中日候鸟保护协定物种。

鸻形目

矶鹬

拉丁学名： *Actitis hypoleucos*

英 文 名： Common Sandpiper

地方俗名： 普通鹬

形态特征： 体长约 20 厘米，体型较小的鹬类。嘴深灰色较短，脚黄较短，虹膜褐色。头、颈及背部橄榄绿褐色。颏、喉偏白。颈和胸侧灰褐色，前胸微具褐色纵纹，下体余部纯白色，并沿胸侧向背部延伸。飞羽黑褐色，翅折叠时在翼角前方形成显著白斑。冬羽似夏羽，但上体较淡，颈和胸微具或不具纵纹。幼鸟似成鸟非繁殖羽，但羽缘多缀有皮黄色。

生态习性： 冬候鸟。主要以昆虫和小型无脊椎动物为食。栖息于江河沿岸、湖泊、水库、水塘岸边，也出现于海岸、河口和附近沼泽湿地。常单独或成对活动。站立时尾巴常上下抖动。繁殖期为 5 月初—7 月末。多置巢于较为隐蔽的草丛或灌丛中，有的则完全裸露于河边沙滩上。

分布概况： 广泛分布于溪流、湖库、农田等湿地生境，常见冬候鸟，夏季可见。

保护级别： 国家“三有”保护鸟类，中日、中澳候鸟保护协定物种。

栖息环境

飞行

被池鹭驱赶的矶鹬群

鹤形目

长趾滨鹬

拉丁学名： *Calidris subminuta*

英 文 名： Long-toed Stint

地方俗名： 云雀鹬、长趾鹬

形态特征： 体长约 14 厘米，体型较小的灰褐色滨鹬。嘴黑、细且短，脚黄绿色，趾较长，中趾长度常常明显超过嘴长，虹膜深褐色。夏羽前额、头顶棕色，具黑褐色棕纹。具清晰的白色眉纹。颈侧淡棕色，后颈淡褐色，具细的暗色纵纹。上体棕褐色，背上具“V”形斑。下体白色，胸侧淡棕褐色，具黑色纵纹。飞翔时白色的背上“V”形斑、尾两侧及翼带明显。冬季上体较浅淡，胸侧和两胁淡棕褐色消失。

生态习性： 旅鸟。主要以小型无脊椎动物为食。常栖息于沿海或内陆淡水与盐水湖泊、河流、水塘等各种浅水水域。常单独或成小群觅食，有时也集成大的觅食群。性较胆小而机警。繁殖期为 6—8 月。营巢于水域附近植物丛中，沼泽地中的土丘上和地势较高的干燥地上。

分布概况： 谭家桥，农田生境，罕见。

保护级别： 国家“三有”保护鸟类，中日、中澳候鸟保护协定物种。

鸻形目

黑腹滨鹬

拉丁学名： *Calidris alpina*

英 文 名： Dunlin

形态特征： 体长约 19 厘米，偏灰色滨鹬。嘴黑色，稍长且下弯，脚灰绿色，虹膜褐色。上体偏灰色，具白色或者黑色斑纹。有一条不甚明显的眉纹。下体偏白，繁殖季时腹部黑色明显。

生态习性： 冬候鸟。主要以小型无脊椎动物为食。常成群活动于水边沙滩，泥地或水边浅水处。性活跃、善奔跑，常沿水边跑跑停停，飞行快而直。有时也见单独活动。繁殖期为 5—8 月。雌雄成对营巢于苔原沼泽和湖泊岸边苔藓地上和草丛中。

分布概况： 宏村，罕见。

保护级别： 国家“三有”保护鸟类，中日、中澳候鸟保护协定物种。

混在扇尾沙锥群中的黑腹滨鹬

鸻形目

须浮鸥

拉丁学名： *Chlidonias hybrida*

英 文 名： Whiskered Tern

形态特征： 体长约25厘米，体型较小的浅色燕鸥。嘴红色，尖端黑色，脚红色，虹膜深褐色。夏羽，额至头顶黑色，头的两边、颊、颈侧、喉白色。前颈暗灰。肩灰黑色，背部至尾鸽灰色。胸前暗灰色，翼下覆羽灰白色，腹及两胁黑色。尾呈浅叉状，尾下覆羽白色。冬季前额白色，头顶白色而具黑色纵纹，耳羽和贯眼纹黑色，上体淡灰色，下体白色。幼鸟和冬羽相似，但背、肩黑褐色而具宽的棕褐色横斑。翅下覆羽和尾下覆羽具暗色斑。

生态习性： 旅鸟。主要以水生动物为食。栖息于开阔平原湖泊、水库、河口、海岸和附近沼泽地带。有时也出现于大湖泊与河流附近的小水渠、水塘和农田地上空。常成群活动。繁殖期为5—7月。常聚群繁殖，巢为浮巢，漂浮于水中植物上。

分布概况： 谭家桥，罕见过境鸟。

保护级别： 国家“三有”保护鸟类。

九、鲣鸟目

鲣鸟目为大型游禽，包括鸬鹚、军舰鸟和鲣鸟，黄山仅见普通鸬鹚一种。鸬鹚类喙强大，前端多具钩曲，喉囊发达；趾具全蹼，四趾均朝前，善游水、潜水捕鱼。中国共有 3 科 11 种，安徽省有 1 科 1 种，黄山记录 1 科 1 种。

鲣鸟目

普通鸬鹚（lú cí）

拉丁学名： *Phalacrocorax carbo*

英 文 名： Great Cormorant

地方俗名： 黑鱼郎、水老鸦、鱼鹰

形态特征： 体长约 90 厘米，黑色的大型水禽。嘴长且厚重，尖端带钩，上嘴深灰色，嘴缘和下嘴灰白色；脚黑色，趾扁，后趾较长，具全蹼，位于身体后方；虹膜翠绿色。头小且扁尖，脸颊、颏及喉为白色，形成一个宽广的白带。眼周和喉侧裸露皮肤黄色。颈较短，站立时直挺。身体全黑，且泛着金属光泽。繁殖期，头顶及颈部会长出白色的丝状羽，后头部有不明显的白色冠羽；两胁具白色横斑。亚成鸟身体黑色偏褐色，下体偏白色。

飞行

生态习性： 冬候鸟。肉食性，多以鱼类为食。常栖息于湖泊、河流、鱼塘等水域及其沼泽地带。捕鱼技能超群，以致渔民会养殖鸬鹚帮助捕鱼。体羽无防水油脂，捕鱼后需栖于岩石或树枝上晾翅。多繁殖于湖泊中砾石小岛或沿海岛屿，通常以对为单位成群营巢。

分布概况： 太平湖、新安江等较大面积水域，冬季常见，但数量较少。

保护级别： 国家“三有”保护鸟类。

繁殖羽

渔民养殖的鸬鹚捕鱼

十、鹈形目

鹈形目为大中型涉禽或游禽，包括鹈鹕科、鹭科和鹮科，黄山有鹭科和鹮科。其中鹭科和鹮科多具嘴长、脚长、脖子长这“三长”特征，适于涉水捕食；后趾发达，与前趾同一平面（与鹤形目不同）；颈长，飞行或停息时多弯曲呈“S”形。中国共有3科35种，安徽省有3科20种，黄山记录2科15种。

鹈形目

苍鹭

拉丁学名： *Ardea cinerea*

英 文 名： Grey Heron

地方俗名： 长脖老等、老等、灰鹳、青庄

形态特征： 体长约 92 厘米，体型较大的青灰色的鹭。嘴黄色，脚灰褐至红褐色，虹膜黄色。头顶中央白色，两侧及枕部黑色，头顶有两条黑色的小辫儿状的羽冠。眼部裸露皮肤黄绿色。颈长，自上至下由白变灰，前颈具黑色纵纹，基部有披针形的灰白色长羽。背部暗灰色，肩披尖且长的浅灰色羽毛，翼角呈深灰近黑色。胸腹偏白色，胸前有两道黑色带纹，沿胸腹延伸。尾较为短小，灰色或黑色。幼鸟似成鸟，但头颈灰色较重，背微微有点褐色。

生态习性： 冬候鸟。肉食性，主要以鱼、虾为食。常栖息于溪流、湖泊、河流、海岸等浅水区域。性孤僻，成对或成小群活动。常在浅水中边走边觅食，也会双腿或单腿立于水中，盯着水面，等候捕食对象经过，捕食时动作敏捷且精准。营巢树上，巢盘状。

分布概况： 仅记录于太平湖，偶见。

保护级别： 国家“三有”保护鸟类。

鹈形目

草鹭

拉丁学名： *Ardea purpurea*

英 文 名： Purple Heron

地方俗名： 柴鹭、长脖老、紫鹭

形态特征： 体长约 80 厘米，大型的栗灰色鹭。嘴暗黄色，嘴峰色较深，脚黄褐色，虹膜黄色。头顶深褐色，且具两条黑色辫状羽冠。眼先裸露皮肤为黄色，颊部偏栗色，喉部色较浅。后颈由栗色渐变为深灰色，颈侧有黑色条带，前颈具黑色纵纹，色较浅。胸前饰以丝状羽，浅灰色。背部呈深灰色，肩披灰色针状羽毛，翅膀灰褐色。腹部深褐色。尾短而圆，色偏黑。幼鸟较成鸟通体色更偏黄褐色，前颈密布黑色纵纹，头顶色深，且无羽冠。

生态习性： 冬候鸟。肉食性，主要以鱼、蛙等为食。常在大片芦苇地、稻田、杂草中栖息。休息时喜集群，也会和其他鹭混群，但觅食时多喜单独活动。营巢亦集群，在到达繁殖地前就已成对，雌雄共同营巢。

分布概况： 石门峡、新安江，偶见。

保护级别： 国家“三有”保护鸟类，中日候鸟保护协定物种。

鹈形目

中白鹭

拉丁学名： *Ardea intermedia*

英 文 名： Intermediate Egret

地方俗名： 春锄

形态特征： 体长约 69 厘米，中等大小的白色鹭。嘴黄尖端黑色，嘴裂不过眼，脚黑色，虹膜黄色。通体白色。脸部裸露的皮肤呈浅黄色。颈相对较短。繁殖期背部有蓑状饰羽，向后垂直尾端。胸部亦有蓑状饰羽。嘴脚变为全黑色，短期呈粉红色，脸部裸露皮肤变为浅灰色。

生态习性： 夏候鸟。肉食性。栖息于河流、湖泊等浅水水域及附近滩上，亦可见于水稻田中。常单独或成小群活动，也会与其他鹭类混群。多在浅滩上漫步觅食，亦会立于水中等待食物出现并迅速捕食。常营巢于树林和竹林内，多与其他鹭类混合营巢。

分布概况： 双溪村附近农田，偶见。

保护级别： 国家“三有”保护鸟类，中日候鸟保护协定物种。

觅食中

鹈形目

白鹭

拉丁学名： *Egretta garzetta*

英 文 名： Little Egret

地方俗名： 小白鹭、白鹭鸶、白翎鸶

形态特征： 体长约 60 厘米，小而纤瘦的白色鹭。嘴黑色，脚黑色、脚趾黄色，虹膜黄色。通体纯白色，脸部裸露的皮肤呈黄绿色。颈部细长。繁殖期时，脸部裸露皮肤偏粉红色。枕部着生两条狭长矛状羽。肩背着生羽枝分散的长形蓑羽。向后伸展至尾端；前颈下部也有长的矛状饰羽，向下披至前胸。

生态习性： 留鸟。杂食性，主要以鱼虾等水生动物性食物为食。常活动于稻田、河岸、沙滩、泥滩及沿海小溪流等浅水处。喜集群。常在浅水中边走边觅食，或在水中缩着脖子身体前倾，伏击食物，捕食瞬间动作敏捷且准确。晚上会进树林里休息，会和其他鹭类在树林里混群营巢。

分布概况： 农田、溪流生境，常见。

保护级别： 国家“三有”保护鸟类。

鹈形目

牛背鹭

拉丁学名： *Bubulcus coromandus*

英 文 名： Eastern Cattle Egret

地方俗名： 黄头鹭、畜鹭、放牛郎

形态特征： 体长约 50 厘米，中等大小的白色鹭。嘴黄色，短且厚重，脚黑色，虹膜黄色。通体洁白，身形敦实。头偏圆，眼先浅黄色。颈粗短。尾短小。繁殖期羽色鲜亮，头、颈及前胸橙红色，羽毛呈发丝状，后背羽色泛橘。脸部裸露皮肤色变深。

生态习性： 留鸟。主要以昆虫和其他小型动物为食。栖息于草地、牧场、农田等。常成三五小群活动。不甚畏人。喜立于牛背，或于牛的周边，取食牛引出来的食物。营群巢，巢一般建在大树或者竹林里，常与其他鹭类混群营巢。

分布概况： 农田、溪流生境，常见。

保护级别： 国家“三有”保护鸟类，中日、中澳候鸟保护协定物种。

非繁殖羽

繁殖羽

鹈形目

池鹭

拉丁学名： *Ardeola bacchus*

英 文 名： Chinese Pond Heron

地方俗名： 红毛鹭、红头鹭鸶、花窖子、沼鹭

形态特征： 体长约 49 厘米，体型较小的黄褐色鹭。嘴黄色，尖端为黑色，基部偏蓝色，脚暗黄色，虹膜黄色。头扁尖，颈短粗，头颈皆具深褐色纵纹。眼先裸露皮肤黄绿色。背部深褐泛红色。翼白。前胸深褐具纵纹，腹白。尾短而白。繁殖期时，头颈红栗色，背部紫黑偏红色，具深灰色蓑羽。胸前酱紫色，翼更显白。

生态习性： 留鸟。杂食性，主要以鱼虾、昆虫等动物为食。常栖息于稻田、池塘、湖泊、水库和沼泽湿地等水域，有时也见于水域附近的竹林和树上。性较大胆。常单独或成小群活动。多在水中趟水行走，觅食通常无声，争吵时发出低沉的“呱呱”叫声。常与其他鹭混群营巢。

分布概况： 溪流、农田、水库等湿地生境，常见。

保护级别： 国家“三有”保护鸟类。

非繁殖羽

换羽中

飞行

鹈形目

绿鹭

拉丁学名： *Butorides striata*

英 文 名： Striated Heron

地方俗名： 绿蓑鹭、打鱼郎

形态特征： 体长约 43 厘米，体型较小的深灰色鹭。嘴黄色，嘴缘褐色，脚、趾黄绿色，虹膜黄色。雄鸟头顶冠羽绿黑具金属光泽，眼先裸露皮肤浅黄色。嘴基黑线延伸至后枕。上背灰色，两翼色稍深，具白色羽缘纹。下体灰粉色。雌鸟略小于雄鸟，色更褐。幼鸟具更多纵纹。

生态习性： 留鸟。肉食性，主要以鱼为食。栖息于有密林生长的水域边。性孤僻而羞怯。觅食常立于水边静候食物。结小群树上营巢。

分布概况： 石门峡、谭家桥溪流生境，偶见。

保护级别： 国家“三有”保护鸟类，中日候鸟保护协定物种。

隐藏溪流边密林中

鹈形目

夜鹭

拉丁学名： *Nycticorax nycticorax*

英 文 名： Black-crowned Night Heron

地方俗名： 水洼子、夜鹤、夜游鹤

繁殖羽

形态特征： 体长约 61 厘米，体型壮硕的灰白色鹭。嘴黑粗短，脚黄色偏橘，虹膜红色。头大而圆，头顶至枕部绿黑且具金属光泽，具白色带状饰羽。眼先裸皮灰黄色。颈短而粗，颈前偏白，颈侧淡灰色。背部绿黑色，较头部色较浅。胸前、两胁淡灰色，腹白。尾圆，尾下覆羽灰白。幼鸟虹膜黄色，眼先绿色。上体暗褐色，缀有棕白色星状斑。下体白色，满缀以暗褐色细纵纹，尾下覆羽棕白色。

生态习性： 留鸟。肉食性，主要以鱼、虾等动物为食。活动于溪流、水塘、江河、沼泽和水田地上附近的大树、竹林。晨昏和夜间活动。常三三两两于水边浅水处涉水觅食，也会单独伫立在水中树桩或树枝上等候猎物。清晨太阳出来以前，则陆续回到树上隐蔽处休息。集群营巢于高大的树上，常与其他鹭类混群营巢。

分布概况： 汤口、新安江、耿城镇等地，常见。

保护级别： 国家“三有”保护鸟类，中日候鸟保护协定物种。

群体休息

鹈形目

海南鳽（jiān）

拉丁学名： *Gorsachius magnificus*

英 文 名： White-eared Night Heron

地方俗名： 海南虎斑鳽、海南夜鳽、白耳夜鳽、虎斑夜鳽

形态特征： 体长约 58 厘米，肥胖而粗短的鳽类。嘴黑色，下嘴基部黄绿色，脚短粗、黄绿色，虹膜黄褐色。头黑色，且具黑色羽冠。眼后有一条白色条纹向后延伸至耳羽上方，耳羽黑色，眼下有一个白斑。颈较为粗短，前颈上部色白，下部中央暗红褐色，两边色较深。有一条黑线直通到下喉部。颈侧具有棕红色斑纹。上体暗褐色。两翼具白色斑点，胸部及体侧杂有灰栗色斑纹。

生态习性： 留鸟。肉食性，主要以鱼、蛙等动物为食。栖息于密林中的山沟河谷和其他有水域的地方。夜行性。性极隐蔽，通常单独活动。在滩地上和浅水区觅食。在林中树上营巢，繁殖期时非常惧怕人类打扰，一有异常响动，便将脖子伸得老长，警惕地张望。

分布概况： 仅记录于浮溪，为当地村民捕获个体，极罕见。

保护级别： 中国特有种，国家Ⅱ级保护动物，IUCN 红色名录濒危种（EN）。

鹈形目

白琵鹭

拉丁学名： *Platalea leucorodia*

英 文 名： Eurasian Spoonbill

地方俗名： 琵鹭、蓖鹭、等盘子

形态特征： 体长约 84 厘米，体型较大的白色琵鹭。嘴黑色，长且直，琵琶状，脚黑色，虹膜红色或黄色。通体白色。头部裸出部位呈黄色。颈长且较粗壮。繁殖期时，头后枕部具长的发状橙黄色冠羽，具橙黄色颈环，头部裸出部位呈橙黄色。

生态习性： 旅鸟。肉食性，主要以鱼、虾、昆虫等小型动物为食。喜泥泞水塘、湖泊或泥滩。常成群活动。性机警畏人。休息时常在水边成一字形散开，长时间站立不动，受惊后则飞往他处。觅食时一边在水边浅水处行走，一边将嘴张开，伸入水中左右来回扫动。常成群营巢，有时也与其他鹭、琵鹭和水禽混群营巢。

分布概况： 丰乐河，罕见。

保护级别： 国家Ⅱ级保护动物，列入 CITES 附录Ⅱ，中日候鸟保护协定物种。

飞行

十一、鹰形目

鹰形目为猛禽。嘴、爪强大而具钩曲，肉食性；嘴基具蜡膜，裸出，鼻孔裸露位于蜡膜上；体型差异较大，但皆体形矫健，飞行迅捷；视觉发达，白天活动。中国共有 2 科 54 种，安徽省有 2 科 25 种，黄山记录 1 科 13 种。

鹰形目

黑冠鹃隼

拉丁学名： *Aviceda leuphotes*

英 文 名： Black Baza

形态特征： 体长约32厘米，体型较小的黑白色鹃隼。嘴呈钩状，嘴峰具两个尖尖齿突，角质色，蜡膜灰色。脚深灰色，爪强劲有力。虹膜红色。头顶具有长而垂直竖立的蓝黑色冠羽，极为显著。整体体羽黑色。背部黑色，胸部具白色宽纹，腹部具深栗色横纹。翼具白斑，且短圆，飞行时可见黑色衬，翼灰而端黑，飞行时振翅如鸦，滑翔时两翼平直。

生态习性： 夏候鸟。肉食性，主要以昆虫为食，兼食蝙蝠、鼠类等小型脊椎动物。栖居于丘陵、山地或平原森林，有时也出现在疏林草坡、村庄和林缘田间。常单独活动，有时集小群，迁徙期可聚大群。性警觉而胆小。常振翼做短距离飞行至空中或于地面捕捉食物。营巢于森林中、河流岸边或邻近的高大树上。

分布概况： 记录于长源村，罕见。

保护级别： 国家Ⅱ级重点保护动物，列入CITES附录Ⅱ。

栖息

飞行

背部特征

鹰形目

黑鸢

拉丁学名： *Milvus migrans*

英 文 名： Black Kite

地方俗名： 老鹰、麻鹰、黑耳鸢

形态特征： 体长约55厘米，体型中等的深褐色猛禽。嘴黑色，蜡膜和下嘴基部黄绿色，脚、趾黄色或黄绿色，爪黑色，虹膜暗褐色。头顶至后颈棕褐色，具黑褐色羽干纹。上体暗褐色，翅上覆羽淡褐色，具黑褐色羽干纹，飞羽色较深，飞翔时翼下具醒目白斑。胸、腹及两胁暗棕褐色，具粗著的黑褐色羽干纹，下腹羽色稍淡，呈棕黄色。尾棕褐色，呈浅叉状，其上具有宽度相等的褐色和褐色横带呈相间排列。

生态习性： 留鸟。肉食性，兼具腐食性。栖息于开阔平原、草地、荒原和低山丘陵地带，也常在城郊、村屯、田野、港湾、湖泊上空活动。飞行快而有力。性机警，人很难接近。觅食主要通过敏锐的视觉，在空中盘旋来观察和觅找食物，当发现地面猎物时，迅速俯冲直下，扑向猎物，用利爪抓起，飞至树上或岩石上啄食。常营巢于高大树上，也营巢于悬崖峭壁上。雌雄亲鸟共同营巢。

分布概况： 太平湖，常见，数量较多。

保护级别： 国家Ⅱ级重点保护动物，列入CITES附录Ⅱ。

树上休息

飞行

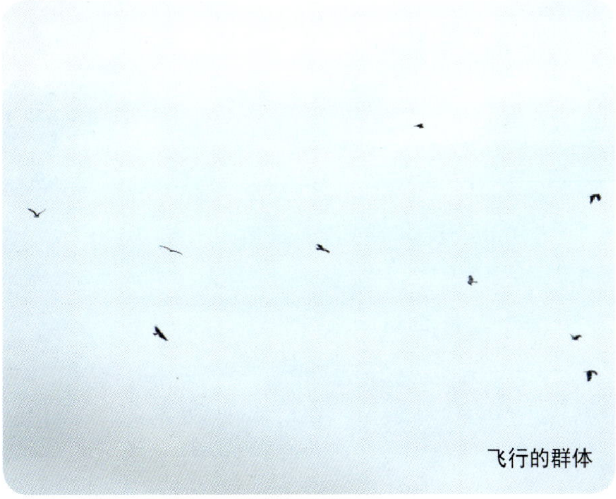

飞行的群体

鹰形目

蛇雕

拉丁学名： *Spilornis cheela*

英 文 名： Crested Serpent Eagle

地方俗名： 大冠鹫、白腹蛇雕、吃蛇鸟

形态特征： 体长约 65 厘米，中等体型的深色雕。嘴灰褐色，蜡膜黄色，脚黄色，爪黑色，虹膜黄色。头顶黑色，枕部有大而显著的黑色冠羽，通常呈扇形展开。前额白色。眼周黄色。上体深褐色或灰色，具白色或淡黄色羽缘，飞羽黑色，具白色端斑和淡褐色横斑。喉和胸灰褐色或黑色。下体灰皮黄色或棕褐色，具丰富的白色圆形斑。翼下覆羽和腋羽皮黄褐色，具白色圆形斑。尾黑色，具一条宽阔的灰白色中央横带和窄的白色尖端。亚成鸟似成鸟，褐色较浓，体羽多白色。

生态习性： 留鸟。肉食性，主要以蛇为食，也吃其他小动物。栖息和活动于山地森林及其林缘开阔地带，单独或成对活动。常在高空翱翔和盘旋，停飞时多栖息于较开阔地区的枯树顶端枝杈上。晴天单独或小群随上升热气流旋至空中展翅翱翔，天气不佳时甚少活动，常停栖于枯木或密林群居。繁殖期为 4—6 月。主要营巢于森林中高树顶端枝杈上。

分布概况： 新庄、黄泥坑等地，罕见。

保护级别： 国家Ⅱ级重点保护动物，列入 CITES 附录Ⅱ。

鹰形目

凤头鹰

拉丁学名： *Accipiter trivirgatus*

英 文 名： Crested Goshawk

地方俗名： 凤头苍鹰、粉鸟鹰、凤头雀鹰

形态特征： 体长约 42 厘米，体型较大的强健鹰类。嘴角褐色或铅色，嘴峰和嘴角黑色，口角黄色，蜡膜黄绿色，脚、趾淡黄色，爪角黑褐色，虹膜金黄色。前额至后颈鼠灰色，具冠羽。头顶至后枕黑灰色。颏、喉白色，具一黑褐色中央纵纹。上体暗褐色，飞翔时翅短圆，后缘突出，翼下飞羽具宽阔和黑色横带。胸白，具宽棕褐色纵纹。胸以下具棕褐色与白色相排列的横斑。尾淡褐色，具横斑，尾下覆羽白色蓬松。幼鸟上体暗褐色，具黄褐色羽缘，后颈茶黄色，微具黑色斑，头具宽的茶黄色羽缘。下体色浅，喉具黑色中央纵纹，胸、腹具黑色纵纹或纵行黑色斑点。

生态习性： 留鸟。肉食性。通常栖息于山地森林和山脚林缘地带，也出现在竹林和小面积丛林地带，偶尔也到山脚平原和村庄附近活动。性情机警、善于藏匿，常躲藏在树叶丛中，有时也栖息于空旷处孤立的树枝上。在森林中的地面上捕食，常躲藏在树枝丛间，发现猎物时才突然出击。繁殖期常在森林上空翱翔，同时发出响亮叫声。领域性强。

分布概况： 石门峡、长谭村等地，常见。

保护级别： 国家Ⅱ级重点保护动物，列入 CITES 附录Ⅱ。

鹰形目

赤腹鹰

拉丁学名： *Accipiter soloensis*

英 文 名： Chinese Sparrowhawk

地方俗名： 鸽子鹰、鹅鹰、鹰芒子

形态特征： 体长约 33 厘米，体型较小的似鸽子形鹰。嘴黑色，下嘴基淡黄色，蜡膜黄色，脚、趾橘黄色，虹膜红色或褐色。雄鸟头蓝灰色，头顶较暗，头侧淡灰色。喉乳白色，具极窄而不甚明显的淡灰色羽轴纹。枕和后颈基部羽毛白色。背部灰蓝，翼灰褐色，飞翔时翼下白色。胸淡粉色，腹淡粉黄色。两胁粉红灰色。尾灰褐色，具暗色横斑。雌鸟较雄鸟灰，胸棕色较浓，且较多灰色横斑。幼鸟上体褐色较浓，下体白色，胸至腹中部有褐色纵纹，两侧有褐色横斑。

生态习性： 夏候鸟。肉食性。栖息于山地森林和林缘地带，有时也见于开阔地带、农田地缘和村庄附近。常单独或成小群活动。主要在地面上捕食，常站在树顶等高处，见到猎物则突然冲下捕食。喜在枝丫等小型树木上筑巢，有时也占用喜鹊的旧巢。

分布概况： 石门峡、新庄、迎客松等地，常见。

保护级别： 国家Ⅱ级重点保护动物，列入 CITES 附录Ⅱ。

栖息

鹰形目

松雀鹰

拉丁学名： *Accipiter virgatus*

英 文 名： Besra

地方俗名： 松儿、松子鹰、雀鹞

形态特征： 体长约 33 厘米，体型中等的深色鹰。嘴基部铅蓝色，尖端黄色，蜡膜黄色，脚黄色，虹膜黄色。头顶至后颈石板黑色，头顶缀有棕褐色。眼先白色。头侧暗灰褐色。颈侧暗灰色。喉白色，喉中央有一条宽阔而粗著的黑色中央纹。上体黑灰色，下体灰白，胸和两胁具宽而粗著的灰栗色横斑，腹部具灰褐色横斑。尾部灰褐色，具黑褐色横斑，尾下覆羽白色，具少许断裂的暗灰褐色横斑。雌鸟和雄鸟相似，但上体更富褐色，头暗褐色。

生态习性： 留鸟。肉食性。主要栖息于茂密的针叶林和常绿阔叶林以及开阔的林缘疏林地带。常单独或成对在林缘较为空旷处活动觅食。在林缘高大的枯树顶枝上，等待和偷袭过往小鸟。常营巢于茂密森林中枝叶茂盛的高大树木上部，用枝叶隐蔽。

分布概况： 迎客松、石门峡等地，常见。

保护级别： 国家Ⅱ级重点保护动物，列入 CITES 附录Ⅱ，中日候鸟保护协定物种。

鹰形目

雀鹰

拉丁学名： *Accipiter nisus*

英 文 名： Eurasian Sparrowhawk

地方俗名： 鹞鹰、细胸、鹞子

形态特征： 体长约 35 厘米，中等体形而翼短的鹰。嘴角质色，端黑，脚黄色，虹膜艳黄色。雄鸟上体灰褐色。脸颊棕色。下体白色且具棕色横斑。尾具灰色，具横带。雌鸟较雄鸟体形较大，上体褐色，脸颊棕色较少。下体白色，胸部、腹部以及腿上具灰褐色横斑。

生态习性： 冬候鸟。肉食性。日出性。常单独生活。或飞翔于空中，或栖于树上和电柱上。飞翔时先两翅快速鼓动飞翔一阵后，接着滑翔，二者交互进行。飞行有力而灵巧，能巧妙地在树丛间穿行飞翔。雀鹰喜欢从栖处或“伏击”飞行中捕食。

分布概况： 新安江，罕见。

保护级别： 国家Ⅱ级重点保护动物，列入 CITES 附录Ⅱ。

鹰形目

普通鵟

拉丁学名： *Buteo japonicus*

英 文 名： Eastern Buzzard

地方俗名： 土豹子、鸡母鹞

形态特征： 体长约 55 厘米，体型较大的红褐色鵟。嘴灰端黑色，蜡膜黄色，脚黄色，虹膜黄色至褐色。有淡色型、棕色型和暗色型三种色型。淡色型头具窄的暗色羽缘，颏、喉具淡褐色纵纹。上体多呈灰褐色。飞羽黑褐色，展翅时形成显著的翼下大型白斑。下体乳白色，胸和两胁具粗的棕褐色横斑和斑纹，腹部近乳白色。尾暗灰褐色，具不清晰的黑褐色横斑和灰白色端斑。暗色型全身黑褐色，两翅与肩较淡，羽缘灰褐色。棕色型上体包括两翅棕褐色，羽端淡褐色或白色；飞羽较暗色型色淡，尾羽棕褐色，羽端黄褐色。颏、喉乳黄色，具棕褐色羽干纹。胸、两胁具大型棕褐色粗斑，体侧尤甚。腹部乳黄色，有淡褐色细斑。尾下覆羽乳黄色，尾羽下面银灰色，有不清晰的暗色横斑。

生态习性： 冬候鸟。肉食性。主要栖息于山地森林和林缘地带，秋冬季节则多出现在低山丘陵和山脚平原地带。大多单独活动。可在空中悬停搜寻地面猎物，也常栖息于高处等待猎物，当猎物出现突袭捕猎。常营巢于林缘或森林中高大的树上，也有个体营巢于悬崖上。

分布概况： 新安江、太平湖、耿城镇等，罕见。

保护级别： 国家Ⅱ级重点保护动物，列入 CITES 附录Ⅱ。

鹰形目

林雕

拉丁学名： *Ictinaetus malayensis*

英 文 名： Black Eagle

地方俗名： 黑雕、树鹰

形态特征： 体长约 70 厘米，大型黑色猛禽。嘴铅色较小，蜡膜和嘴裂黄色，跗跖被羽，黑褐色，趾黄色，爪黑色，虹膜黄褐色。通体黑色或者黑褐色。两翼后缘近身体处明显内凹，因而使翼基部明显较窄，使翼后缘突出。尾较长且窄，暗褐色，具数条浅灰色横斑和黑褐色端斑。

生态习性： 留鸟。肉食性。栖息于山地森林中。飞行技巧高超，能高速地在浓密的森林中飞行和追捕猎物。营巢于浓密的常绿阔叶林或落叶阔叶林中，多置于高大乔木的上部。护巢性甚为强烈，如有人进入巢区，它就会猛烈地进行攻击。

分布概况： 石门峡、黄泥涧等地，罕见。

保护级别： 国家Ⅱ级重点保护动物，列入 CITES 附录Ⅱ。

鹰形目

白腹隼雕

拉丁学名： *Aquila fasciata*

英 文 名： Bonelli's Eagle

地方俗名： 白腹山雕

形态特征： 体长约 68 厘米，体型较大的猛禽。嘴黑色，蜡膜黄色，跗跖被羽，趾黄色，虹膜黄褐色。头顶深褐色。眼先白色，有黑色羽须，眼后上缘有一不明显的白色眉纹。上体暗褐色。两翼及尾具细小横斑，翼尖色深。下体棕栗色，腹部棕黄色。胸部色浅而具深色纵纹。尾形长，上面具多道不甚明显的黑褐色波浪形斑和宽阔的黑色亚端斑。幼鸟翼具黑色后缘，沿大覆羽有深色横纹，其余覆羽色浅。上体大致褐色，头部皮黄色具深色纵纹，脸侧略暗。飞行时两翼平端。

生态习性： 留鸟。肉食性。繁殖季节主要栖息于低山丘陵和山地森林中的悬崖和河谷岸边的岩石上。非繁殖期也常沿着海岸、河谷进入到山脚平原、沼泽，甚至半荒漠地区。性情较为大胆而凶猛，行动迅速。常单独活动，不善于鸣叫。营巢于河谷岸边的悬崖上或树上。巢的结构较庞大。

分布概况： 石门峡，常见。

保护级别： 国家Ⅱ级重点保护动物，列入 CITES 附录Ⅱ。

成体

亚成体

鹰形目

鹰雕

拉丁学名： *Nisaetus nipalensis*

英 文 名： Mountain Hawk-Eagle

地方俗名： 熊鹰、赫氏角鹰

形态特征： 体长约 74 厘米，体型偏大的猛禽。嘴黑色，蜡膜黑灰色，脚、趾黄色，爪黑色，虹膜黄至褐色。头顶黑色，头后具长的黑色冠羽。上体褐色，翅上覆羽淡褐色，具白色羽缘。腰具褐色和白色相间排列的横斑。胸白色，具黑色纵纹，腹密被淡褐色和白色交错横斑。尾具宽阔的黑色和灰白色交错排列的横带，尾上覆羽具淡白色横斑。幼鸟头颈褐色，具黑色羽轴纹和皮黄白色尖端。背、翅覆羽和内侧飞羽黑褐色，具白色羽缘。腰、尾上覆羽淡褐色，羽尖端白色，尾暗灰色，具黑色横斑。尾下灰白色，翼下淡黄色，其余下体皮黄色。

生态习性： 留鸟。肉食性。在繁殖季节大多栖息于山地森林地带，常在阔叶林和混交林中活动，也出现在浓密的针叶林中。经常单独活动。繁殖期为 4—6 月。主要营巢于山地森林中高大的乔木树上。

分布概况： 石门峡、谭家桥、长源村、慈光寺等地，罕见。

保护级别： 国家Ⅱ级重点保护动物，列入 CITES 附录Ⅱ。

十二、鸮形目

鸮形目多为夜行性猛禽。嘴强而钩曲；眼大且向前，形成明显面盘；耳孔大，听觉灵敏；羽毛柔软，飞行无声；腿、脚强健，多被羽，第四趾能反转，适于攀缘，爪呈利钩状。中国共有 2 科 31 种，安徽省有 2 科 12 种，黄山记录 2 科 8 种。

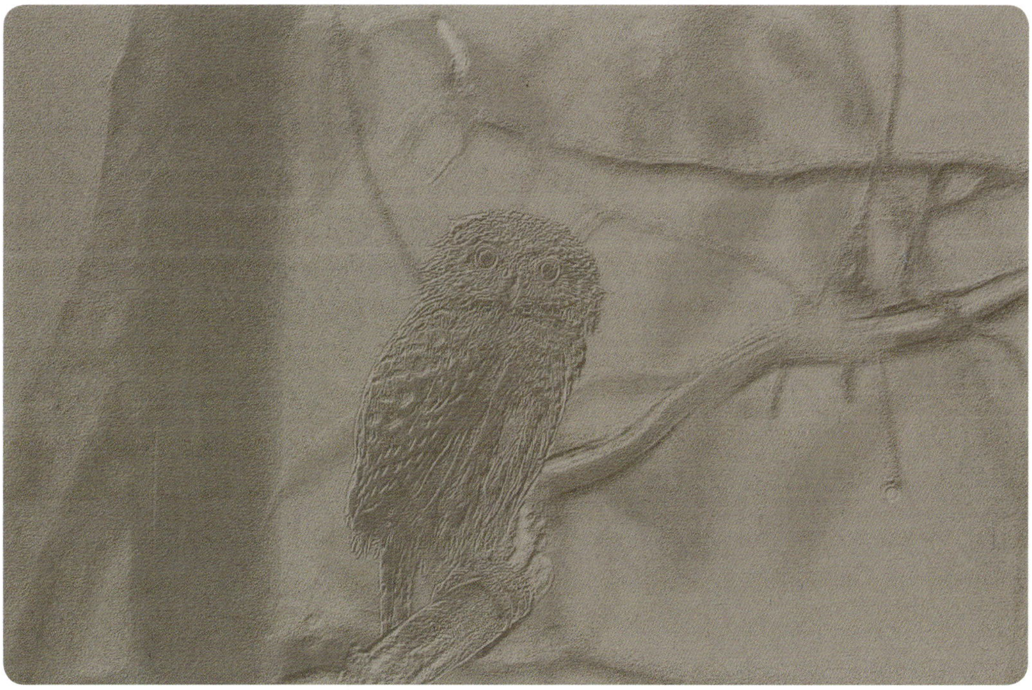

鸮形目

斑头鸺鹠

拉丁学名： *Glaucidium cuculoides*

英 文 名： Asian Barred Owlet

地方俗名： 小猫头鹰、横纹鸺鹠

形态特征： 体长约24厘米，体型较小的鸮类，但在鸺鹠中体型最大。嘴黄绿色，蜡膜暗褐色；趾黄绿色，具刚毛状羽，爪近黑色；虹膜黄褐色。头颈和整个上体，包括两翅表面暗褐色，密被细狭的棕白色横斑，头顶横斑更为细小而密，眉纹白色，较短狭。喉中部褐色，具皮黄色横斑。下喉、胸白色，具褐色横斑。腹白色，具褐色纵纹。尾黑褐色，具显著白色横斑和羽端斑，尾下覆羽纯白色。幼体上体横斑较少，有时几乎纯褐色，仅具少许淡色斑点。

生态习性： 留鸟。主要以小型动物为食。栖息于阔叶林、混交林、次生林和林缘灌丛，也出现于村寨和农田附近的疏林和树上。通常单独或成对活动。大多在白天活动和觅食。繁殖期为3—6月。常营巢于树洞或天然洞穴中。

分布概况： 石门峡、宏村，罕见。

保护级别： 列入CITES Ⅱ级保护动物，国家Ⅱ级重点保护动物。

十三、犀鸟目

犀鸟目为中大型攀禽，包括犀鸟和戴胜。其中戴胜头具显著的扇形羽冠，嘴细长而下弯；翅短圆；跗蹠前后缘均具盾鳞；趾3前1后，前3趾基部愈合不完全，内趾分离。在中国只有2科6种，安徽省有1科1种，黄山记录1科1种。

犀鸟目

戴胜

拉丁学名： *Upupa epops*

英 文 名： Common Hoopoe

地方俗名： 胡哱哱、山和尚、臭姑鸪

形态特征： 体长约 30 厘米，中等大小，色彩鲜明的鸟类。嘴黑色，细长而下弯，脚和趾铅黑色，虹膜褐色。头上扇状棕色羽冠具黑色端斑和白色次端斑。头侧和后颈淡棕色，颏、喉棕色。上背和肩棕色，下背黑色具淡棕白色宽横斑。翅宽圆，具显著黑白相间横斑。胸部葡萄棕色，腹白而杂有褐色纵纹。腰白色。方尾，尾羽黑色而中部具一白色横斑。

生态习性： 留鸟。主要以昆虫为食。栖息于开阔的林地、草地或农田，尤其以林缘耕地生境较为常见。多单独或成对活动。觅食多在林缘草地上或耕地中，常常把长长的嘴插入土中取食。每年 5—6 月繁殖，戴胜常选择天然树洞营巢产卵，有时也建窝在岩石缝隙、堤岸洼坑、断墙残垣的洞中。

分布概况： 耿城镇，罕见。

保护级别： 国家“三有”保护鸟类。

十四、佛法僧目

佛法僧目为中小型攀禽。多色彩艳丽；嘴型多变；脚短，前3趾基部多有愈合成并趾型。中国共有3科22种，安徽省有3科7种，黄山记录3科7种。

佛法僧目

白胸翡翠

拉丁学名： *Halcyon smyrnensis*

英 文 名： White-throated Kingfisher

地方俗名： 白喉翡翠

形态特征： 体长约 27 厘米，体型较大的翠鸟。嘴红粗壮，脚红色，虹膜深褐色。头颈深栗色。背部蓝色。胸部白色。腹部深栗色。尾短圆，辉蓝色，尾下覆羽深栗色。幼鸟似成鸟，但较苍淡，黑色的覆羽有绿色的渲染，胸部白羽杂以黑色，下体余部淡栗色。

生态习性： 留鸟。主要以鱼、虾等小型水生动物为食。栖息于河流、湖泊、池塘、水库、沼泽和稻田等水域岸边。单独活动，多站在水边树木枯枝上或石头上，常长时间地望着水面，以待猎食。飞行时成直线，速度较快，常边飞边叫，叫声尖锐而响亮。营巢于河岸、沟谷田坎土岩洞中，掘洞为巢。

分布概况： 三口镇，罕见。

佛法僧目

蓝翡翠

拉丁学名： *Halcyon pileata*

英 文 名： Black-capped Kingfisher

地方俗名： 黑顶翠鸟、黑帽鱼狗

形态特征： 体长约30厘米，体型较大的翡翠鸟。嘴红色粗壮，脚红色，虹膜深褐色。头部黑色。后颈白色，向两侧延伸与喉胸部白色相连，形成一宽阔的白色领环。眼下有一白色斑。背部钴蓝色。翼上具一大块黑斑。胸白色，腹部黄棕色。尾短圆钴蓝色。幼鸟后颈白领沾棕，喉和胸部羽毛具淡褐色端缘，腹侧有时亦具黑色羽缘。

生态习性： 留鸟。主要以鱼、虾等水生动物为食。主要栖息于林中溪流以及山脚与平原地带的河流、水塘和沼泽地带。常单独活动，一般多停息在河边树桩和岩石上，有时也在临近河边小树的低枝上停息。繁殖期为5—7月。营巢于土崖壁上或河流的堤坝上，用嘴挖掘隧道式的洞穴作巢。

分布概况： 石门峡、谭家桥、新庄等地，罕见。

保护级别： 国家“三有”保护鸟类。

贴着水面飞行

佛法僧目

普通翠鸟

拉丁学名： *Alcedo atthis*

英 文 名： Common Kingfisher

地方俗名： 翠鸟、钓鱼郎、小翠

形态特征： 体长约 15 厘米，体型较小的翠鸟。嘴黑色粗壮，雌鸟下嘴橘红色，脚红色，虹膜褐色。雄鸟头部蓝绿色，密被翠蓝色细窄横斑。眼先和贯眼纹黑褐色。颊、前额侧部、眼后和耳羽栗棕红色，耳后有一白斑。颏、喉白色。背部翠蓝色，肩蓝绿色。飞羽多为黑褐色，翼上覆羽暗蓝色。胸灰棕色，腹至尾下覆羽红棕色，腹中央有时较浅淡。雌鸟上体羽色较雄鸟稍淡，多蓝色，少绿色。头顶呈灰蓝色，胸腹较雄鸟色淡。幼鸟羽色较苍淡，上体较少蓝色光泽，下体羽色较淡沾较多褐色，腹中央污白色。

生态习性： 留鸟。主要以鱼、虾等小型水生动物为食。栖息于河流、溪涧、湖泊以及灌溉渠等水域。常单独活动，一般多停息在河边树桩和岩石上。经常长时间一动不动地注视着水面，一见水中鱼虾，立即以极为迅速而凶猛的姿势扎入水中用嘴捕取。繁殖期为 5—8 月。常营巢于水域岸边或附近陡直的土岩或沙岩壁上，掘洞为巢。

分布概况： 广泛分布于溪流、水库、湖泊等水域生境，常见。

保护级别： 国家“三有”保护鸟类。

佛法僧目

冠鱼狗

拉丁学名： *Megaceryle lugubris*

英 文 名： Crested Kingfisher

地方俗名： 花斑钓鱼郎

形态特征： 体长约 41 厘米，体型较大的黑白色鱼狗。嘴黑色粗壮，脚黑色，虹膜褐色。头具长而竖直的黑色冠羽，杂有白色。后颈白色。背部灰黑色，密杂以白色横斑，两翅黑色，具白色横斑。前胸黑色而杂有棕斑。腹部白色，腹侧和两胁具黑色横斑。尾黑色，具白横斑，尾下覆羽白色，具黑色横斑。

生态习性： 留鸟。主要以鱼为食。栖息于水清澈而缓流的河流、溪涧、湖泊等水域。多沿溪流中央飞行，一旦发现食物迅速俯冲，动作利落。也常独栖在近水边的树枝顶上、电线杆顶或岩石上，伺机猎食。繁殖期为 5—6 月。巢筑在陡岸、断崖、田坎头或田野和小溪的堤坝上。

分布概况： 石门峡、谭家桥、新庄、汤口、太平湖、新安江等地溪流，常见。

飞行

佛法僧目

斑鱼狗

拉丁学名： *Ceryle rudis*

英 文 名： Pied Kingfisher

形态特征： 体长约 27 厘米，体型较小的鱼狗。嘴黑色，脚黑色，虹膜褐色。通体黑白色，冠羽较冠鱼狗短。雄鸟头部黑色，缀以白色细纹；眼先和眉纹白色。后颈呈黑白色斑驳状，颈侧各具一大块白斑。背、肩及两翅覆羽黑色，具白色端斑，形成黑白斑驳状。飞羽黑褐色，具显著白色翅斑。腰白色，具黑色次端斑。下体白色，胸具两条黑色胸带。两胁和腹侧具黑斑。尾白色，具宽阔的黑色次端斑。雌鸟和雄鸟相似，但仅具 1 条胸带，且常常在中部断裂。

生态习性： 留鸟。主要以小鱼为食物。栖息于溪流、河流、湖泊、运河等开阔水域岸边。成对或结群活动于较大水体。繁殖期为 3—7 月。常营巢于河流岸边沙岩上，自己掘洞为巢。

分布概况： 新庄、新安江、丰乐河，常见。

左雌右雄

飞行，左雄右雌

飞行

佛法僧目

三宝鸟

拉丁学名： *Eurystomus orientalis*

英 文 名： Oriental Dollarbird

地方俗名： 老鸹翠、东方宽嘴转鸟、阔嘴鸟

形态特征： 体长约30厘米，体型中等的深色佛法僧。嘴红色，嘴基宽阔，上嘴先端微钩曲，近端处微具缺刻，脚红色，虹膜褐色。头大而宽阔扁平，头至颈黑褐色，后颈、上背、肩、下背、腰和尾上覆羽暗铜绿色。两翅颜色与背相似但较鲜亮而多蓝色，初级飞羽基部具大型浅蓝色斑块。喉部蓝紫色，胸黑色沾蓝色，下体蓝绿色。尾平，黑色缀有蓝色。雌鸟羽色较雄鸟暗淡。幼鸟似成鸟，但羽色较暗淡，背面近绿褐色，喉无蓝色。

生态习性： 夏候鸟。主要以昆虫为食。通常栖息于高大的树上。单独或成对活动。空中飞翔捕食，速度较快。繁殖期为5—8月。常营巢于林缘树上的天然洞穴，也利用啄木鸟废弃的洞穴作巢。

分布概况： 半山寺，罕见。

保护级别： 国家“三有”保护鸟类，中日候鸟保护协定物种。

十五、啄木鸟目

啄木鸟目为中小型攀禽。其嘴长直如凿，或嘴峰弯曲粗厚；尾呈楔状或平尾，羽轴坚硬而富有弹性；脚短而强健，对趾型，可沿树干呈螺旋形向上攀缘；舌长，舌端具倒钩，可摄取树干裂缝中的昆虫。中国共有 3 科 43 种，安徽省有 2 科 7 种，黄山记录 2 科 5 种。

啄木鸟目

大拟啄木鸟

拉丁学名： *Megalaima virens*

英 文 名： Great Barbet

地方俗名： 大拟䴕

形态特征： 体长约 30 厘米，体型较大的拟啄木鸟。嘴淡黄色，宽厚而粗壮，微向下弯曲，颊和嘴基有长而发达的嘴须，脚灰色，趾为对趾型，虹膜褐色。上背和肩暗绿褐色，或缀暗红色。下背及腰亮草绿色。上胸暗褐色，下胸和腹中央绿色或蓝绿色，并缀有乳黄色，两胁黄色，具褐绿色纵纹。尾较长，亮草绿色，尾下覆羽红色。

生态习性： 留鸟。主要以果实、种子为食。栖息于常绿阔叶林内，也见于针阔叶混交林。单独或成对活动。繁殖期为 4—8 月。常营巢于山地森林的树上，多自己凿洞为巢，有时也利用天然树洞。

分布概况： 温泉酒店周边，罕见。

保护级别： 国家“三有”保护动物。

啄木鸟目

斑姬啄木鸟

拉丁学名： *Picumnus innominatus*

英 文 名： Speckled Piculet

形态特征： 体长约10厘米，体型甚小的啄木鸟。嘴近黑色，强直而尖，呈凿状，脚灰黑色，短而粗壮，虹膜褐色。额至后颈栗色。头侧有两条白色纵纹，耳羽栗褐色，自眼先开始有两条白纹沿眼的上下方延伸至颈侧。颏、喉近白色，缀有圆形黑褐色斑点。背部橄榄绿色，两翅暗褐色。下体乳白色，胸和上腹以及两胁布满大的圆形黑色斑点，后胁和尾下具横斑状。尾黑色。

生态习性： 留鸟。主要以昆虫为食。栖息于低山丘陵和山脚平原常绿或落叶阔叶林中，也出现于中山混交林和针叶林地带。常单独活动，多在地上或树枝上觅食，较少像其他啄木鸟那样在树干攀缘。繁殖期为4—7月。营巢于树洞中。

分布概况： 温泉酒店周边，常见。

保护级别： 国家“三有”保护动物。

啄木

啄木

啄木鸟目

星头啄木鸟

拉丁学名： *Dendrocopos canicapillus*

英 文 名： Grey-capped Pygmy Woodpecker

形态特征： 体长约15厘米，体型较小的啄木鸟。嘴铅灰色，强直而尖呈凿状，脚灰黑色，短而粗壮，虹膜淡褐色。雄鸟额至头顶灰色或灰褐色，有时缀有淡棕褐色，具一宽阔的白色眉纹自眼后延伸至颈侧，枕部两侧各具一深红色斑。头侧和颈侧棕褐色。上背黑色，下背和腰白色具黑色横斑。两翅呈黑白斑驳状。下体污白色，满布黑褐色纵纹，下腹中部至尾下覆羽纵纹细弱而不明显。雌鸟和雄鸟相似，但枕侧无红色。

生态习性： 留鸟。主要以昆虫为食。主要栖息于山地和平原各种树林中，村边和耕地中的零星乔木树上亦可见。常单独或成对活动。多在树中上部活动和取食，偶尔也到地面倒木取食。繁殖期为4—6月。营巢于心材腐朽的树干上。

分布概况： 温泉酒店周边，常见。

保护级别： 国家“三有”保护鸟类。

啄木鸟目

大斑啄木鸟

拉丁学名： *Dendrocopos major*

英 文 名： Great Spotted Woodpecker

地方俗名： 赤䴕、花啄木、白花啄木鸟

形态特征： 体长约24厘米，体型中等的啄木鸟。嘴铅黑色，脚、趾褐色，虹膜暗红色。雄鸟头顶黑色具蓝色光泽，枕具一红色斑，后枕具一狭窄的黑色横斑。后颈及颈两侧白色，形成一白色领圈。肩白色，背辉黑色，腰黑褐色而具白色端斑，两翅黑色，翼缘白色，飞羽具黑白相间的横斑。下体污白色，无斑，腹部略沾桃红色，下腹及尾下覆羽鲜红色。尾黑色，外侧尾羽具黑白相间横斑。雌鸟头顶、枕至后颈辉黑色而具蓝色光泽，耳羽棕白色，其余似雄鸟。

生态习性： 留鸟。主要以昆虫为食。栖息于树林中。常单独或成对活动。繁殖期为4—5月。营巢于树洞。

分布概况： 温泉酒店周边、新庄，罕见。

保护级别： 国家“三有”保护鸟类。

啄木鸟目

灰头绿啄木鸟

拉丁学名： *Picus canus*

英 文 名： Grey-headed Woodpecker

地方俗名： 山啄木、火老鸦、绿啄木

形态特征： 体长约 27 厘米，中等体型的绿色啄木鸟。嘴黑色，强直而尖呈凿状，脚褐绿色，短而粗壮，虹膜红色。雄鸟额基灰色，杂有黑色，头顶朱红色，后颈、枕暗灰色，眼先黑色，眉纹灰白色。颈侧灰色，具明显黑色纹。背灰绿色至橄榄绿色，尾黄绿色，具黑色横斑。尾下覆羽灰绿色，羽端草绿色。

生态习性： 留鸟。主要以昆虫为食，也吃植物果实、种子。主要栖息于低山阔叶林和混交林，也出现于次生林和林缘地带。秋冬季常出现于路旁、农田地边疏林。通常单独或成对活动，很少成群。觅食时常由树干基部螺旋上攀。繁殖期为 4—6 月。营巢于树洞中，巢洞由雌雄亲鸟共同啄凿完成，一般不利用旧巢。

分布概况： 温泉酒店周边、太平湖，常见。

保护级别： 国家“三有”保护鸟类。

取食植物种子

取食植物种子

雄

十六、隼形目

隼形目为猛禽。嘴、爪钩曲；嘴先端两侧具齿突，嘴基裸出，肉食性；翅狭长而尖，尾较细长，飞行迅捷；视觉发达，白天活动。中国共有 1 科 13 种，安徽省有 1 科 6 种，黄山记录 1 科 2 种。

隼形目

燕隼

拉丁学名： *Falco Subbuteo*

英 文 名： Eurasian Hobby

地方俗名： 青条子、蚂蚱鹰、青尖

形态特征： 体长约 30 厘米，体型较小的黑白色隼。嘴灰色，蜡膜黄色，脚黄色，虹膜褐色。雄鸟前额白色，头顶至后颈灰黑色，眼上有一条细的白色眉纹。背部蓝灰色，具黑褐色羽干纹。翅狭长而尖，似镰刀，翼下白色，密布黑褐色横斑，翅褶合时翅尖几达尾端。胸、上腹白色或黄白色，具粗著的黑色纵纹。下腹棕栗色。尾灰色或褐色，尾下覆羽栗色。雌鸟似雄鸟，但体型稍大，上体较褐，下腹和尾下覆羽栗色较淡，并缀黑褐色纵纹或矢状斑。幼鸟似雌鸟，但上体较暗褐色，下体自胸向下为浅棕色，具黑色纵纹。

生态习性： 留鸟。肉食性。栖息于有稀疏树木生长的开阔平原、旷野、耕地、海岸、疏林和林缘地带。常单独或成对活动，飞行快速而敏捷，停息时大多在高大的树上或电线杆的顶上。主要在空中捕食，甚至能捕捉飞行速度极快的家燕和雨燕等。繁殖期为 5—7 月。营巢于疏林或林缘和田间的高大乔木树上，通常自己很少营巢，而是侵占乌鸦和喜鹊的巢。

分布概况： 谭家桥，罕见。

保护级别： 国家Ⅱ级重点保护动物，列入 CITES 附录Ⅱ，中日候鸟保护协定物种。

十七、雀形目

雀形目为中、小型鸣禽，喙形多样，适于多种类型的生活习性；鸣肌发达，善于鸣啭，叫声多变悦耳；脚趾 3 前 1 后。中国共有 44 科 784 种，安徽省有 33 科 180 种，黄山记录 138 种。

雀形目

黑枕黄鹂

拉丁学名： *Oriolus chinensis*

英 文 名： Black-naped Oriole

地方俗名： 黄鹂、黄莺、黄鸟

形态特征： 体长约 26 厘米，体型中等的黄鹂。嘴粉红色，粗壮稍下曲，脚裸露部分灰色，虹膜暗红色。头顶金黄色，黑色过眼纹与枕部黑色宽带相连。背部金黄色沾灰色，两翼黑色，飞羽具黄色羽缘。腰部黄色。下体金黄色。尾短圆，黑色，尾上及尾下覆羽黄色。雌鸟和雄鸟羽色大致相近，但色彩不及雄鸟鲜亮背面较绿，呈黄绿色。

亚成鸟

生态习性： 夏候鸟。杂食性。主要栖息于低山丘陵和山脚平原地带的树林，也出入于农田、原野、村寨附近和城市公园的树上。常单独或成对活动，有时也见呈 3 ～ 5 只的松散群。鸣声清脆婉转。繁殖期为 5—7 月。常营巢在阔叶林内高大乔木上。

分布概况： 温泉酒店附近，罕见。

保护级别： 国家“三有”保护鸟类，中日候鸟保护协定物种。

雀形目

淡绿䴗（jú）鹛（méi）

拉丁学名： *Pteruthius xanthochlorus*

英 文 名： Green Shrike Babbler

形态特征： 体长约 12 厘米，体型圆滚的小鸟。嘴粗壮黑色，脚灰褐色，虹膜褐色。头部灰色，眼圈白色。上体橄榄绿色，两翼偏灰色具一道浅色翼斑。下体灰色偏白色，腹部偏黄绿色。尾黑色具狭窄白端。

生态习性： 留鸟。杂食性，主要以昆虫为食。常栖息于山地森林。繁殖季常成对活动，其余时候爱与其他小鸟混群。似柳莺但略显笨拙。巢常悬吊于树木侧枝，也见于低矮灌木中。

分布概况： 丰乐水库。

雀形目

灰喉山椒鸟

拉丁学名： *Pericrocotus solaris*

英 文 名： Grey-chinned Minivet

地方俗名： 十字鸟

形态特征： 体长约17厘米，体型较小的山椒鸟，雌雄异色。嘴黑色，脚黑色，虹膜深褐色。雄鸟头部黑色具蓝色光泽，喉灰色。背部亦为黑色具蓝色光泽，下背至尾鲜红色或赤红色。两翼黑褐色，具大块红色翼斑。胸腹鲜红，尾下覆羽橙红色。雌鸟自额至背深灰色，下背橄榄绿色，腰和尾上覆羽橄榄黄色，两翅和尾与雄鸟同色，但红色被黄色取代。腹部也为黄色。

生态习性： 留鸟。主要以昆虫为食。主要栖息于低山丘陵地带的杂木林和山地森林中，尤以低山阔叶林、针阔叶混交林较常见，也出入于针叶林。常成小群活动，有时亦与赤红山椒鸟混杂在一起。觅食也多在树上，很少到地上活动。

分布概况： 温泉酒店周边，常见。

保护级别： 国家“三有”保护鸟类。

聚群在林中穿梭

雌鸟

雄鸟

雌鸟

雀形目

黑卷尾

拉丁学名：*Dicrurus macrocercus*

英 文 名：Black Drongo

地方俗名：篱鸡、铁燕子、黑黎鸡、黑乌秋、黑鱼尾燕

形态特征：体长约30厘米，体型中等的黑色卷尾。嘴黑色，上嘴先端微具钩，具黑色长嘴须，脚近黑色，虹膜棕红色。通体蓝黑色，且具金属光泽。两翼稍长且尖。尾长且具深叉，两边微微卷曲。幼鸟黑褐色，下体具白色横斑。

生态习性：夏候鸟。主要以昆虫为食。栖息于山麓或沿溪的树顶上，或在竖立田野间的电线杆上。可空中捕食昆虫。喜结群。性凶猛好斗，特别在繁殖期。繁殖期为6—7月。巢浅杯状，常置于树顶，细枝梢端的分叉处。

分布概况：广泛分布于农田生境，常见。

保护级别：国家“三有”保护鸟类。

雀形目

灰卷尾

拉丁学名： *Dicrurus leucophaeus*

英 文 名： Ashy Drongo

地方俗名： 灰龙眼燕、白颊卷尾

形态特征： 体长约 28 厘米，体型中等的灰色卷尾。嘴黑色，上嘴先端微具钩，具黑色长嘴须，脚近黑色，虹膜橙红色。通体浅灰色；眼周、脸颊部及耳羽区具一白斑，并稍向后上方伸延到上颈侧部。两翅稍长而尖。尾较长且具深叉，两边微微向上卷曲，淡灰色，并具隐约不显的浅灰褐色横斑。雌性体型较雄鸟小，羽色近似雄鸟但稍暗淡些。幼鸟体羽暗灰褐色；头侧脸颊部白块斑的界限不甚清晰；翅角腕关节缘具灰白斑，翅下覆羽及腋羽亦呈灰白斑。

生态习性： 夏候鸟。主要以昆虫为食。栖息于平原丘陵地带、村庄附近、河谷或山区。常成对活动。繁殖期为 4—7 月。常营巢于阔叶高大乔木树冠岔枝间，距地面约 10 米以上。

分布概况： 太平湖周边林地，罕见。

保护级别： 国家“三有”保护鸟类。

雀形目

发冠卷尾

拉丁学名： *Dicrurus hottentottus*

英 文 名： Hair-crested Drongo

地方俗名： 卷尾燕、黑铁练甲、大鱼尾燕

形态特征： 体长约 32 厘米，体型略大的黑色卷尾。嘴黑色，脚黑色，虹膜红褐色。通体蓝黑色，具铜绿色金属光泽。前额顶基部着生十多条发状冠羽，繁殖期间，冠羽最长，并披向后颈伸延到上背部；翼稍长且尖。叉状尾，一对外侧尾羽上卷。雌性体羽似雄鸟，但铜绿色金属光泽不如雄鸟鲜艳；发状冠羽较雄鸟短小。

生态习性： 夏候鸟。主要以昆虫为食。栖息在密林中。单独或成对活动。主要在树冠层活动和觅食。领域性强。繁殖期为 5—7 月。常营巢于高大乔木顶端枝杈上。

分布概况： 广泛分布，常见。

保护级别： 国家“三有”保护鸟类。

小群活动

捕食昆虫

雀形目

红尾伯劳

拉丁学名： *Lanius cristatus*

英 文 名： Brown Shrike

地方俗名： 褐伯劳、胡不拉

形态特征： 体长约20厘米，体型中等的灰褐色伯劳。嘴黑色、嘴端具钩，脚黑色，虹膜暗褐色。成鸟额至头顶灰色，有些亚种灰褐色。具粗著的黑色过眼纹，过眼纹上方具白色眉纹。背部灰褐色，有些亚种更加偏褐色。两翅深褐色，飞羽具较浅色羽缘。颏、喉白色，下体皮黄色，腋下覆羽呈黄橙色。尾长，红棕色，具不甚明显的暗褐色横斑。尾上覆羽红色，尾下覆羽白色。

生态习性： 夏候鸟。主要以昆虫等小型动物为食。栖息于有稀矮树木和灌丛生长的开阔旷野、河谷、湖畔、路旁或路边。单独或成对活动，性活泼，常在枝头跳跃或飞上飞下。捕食后会将食物挂在树枝上撕扯。繁殖期为5—7月。营巢于树上或灌木上。

分布概况： 谭家桥、二龙桥等地，过境期间更见。

保护级别： 国家“三有”保护鸟类，中日候鸟保护协定物种。

不同生境下的红尾伯劳

雀形目

棕背伯劳

拉丁学名： *Lanius schach*

英 文 名： Long-tailed Shrike

地方俗名： 黄伯劳、长尾伯劳

形态特征： 体长约 25 厘米，体型较大的伯劳。嘴黑色、端钩曲，脚黑色，虹膜暗褐色。头大，头顶灰色，具显著黑色冠眼纹。颏、喉、耳羽、颊均为白色。背部灰至棕黄色。两翼黑褐色，飞羽具黄栗色羽缘，腰部红褐色。腹白色，腋下、两胁沾栗色。尾长、黑色，尾上覆羽红褐色，尾下覆羽白色。具深色型，体色具不同程度的黑化。

生态习性： 留鸟。肉食性，以昆虫和其他小型动物为食。主要栖息于低山丘陵和山脚平原地区，常见在林旁、农田、果园、河谷、路旁和林缘地带的突出物上。性凶猛，除昆虫外还能击杀石龙子、小鸟、老鼠等小型动物，会将猎物固定在树枝或是尖刺上撕扯。领域性强。繁殖期为 4—7 月。营巢于树上或高的灌木上。

分布概况： 广泛分布，常见。

保护级别： 国家“三有”保护鸟类。

捕食直翅目昆虫

崔形目

松鸦

拉丁学名： *Garrulus glandarius*

英 文 名： Eurasian Jay

地方俗名： 檀鸟、山和尚

形态特征： 体长约35厘米，体型较小的鸦。嘴灰色，脚肉棕色，虹膜白色。嘴基往下有明显黑色髭纹。体羽多为浅棕色，飞羽黑色具带金属光泽的亮蓝色横斑。腰白色。尾黑色，较宽，具不明显横斑，尾下覆羽白色。

生态习性： 留鸟。杂食性。栖息于针叶林、针阔叶混交林、阔叶林等森林中，冬季偶尔可到林区居民点附近的耕地或路边丛林活动和觅食。繁殖期多见成对活动外，其他季节多集成3～5只的小群四处游荡。繁殖期为4—7月。多营巢于山地溪流和河岸附近的针叶林及针阔叶混交林中，也在稠密的阔叶林中营巢。

分布概况： 广泛分布，常见。

混交林中休息

取食植物种子

飞行

松林中捕食毛毛虫

雀形目

红嘴蓝鹊

拉丁学名： *Urocissa erythrorhyncha*

英 文 名： Red-billed Blue Magpie

地方俗名： 赤尾山鸦、长尾山鹊

形态特征： 体长约 68 厘米，体型较长的亮丽蓝鹊。嘴红色，脚红色，虹膜红色。头颈主要黑色，但头顶具一白色带斑直至颈部。上体体羽多为蓝灰色，下体及翼下白色稍沾灰色。尾长、凸状，尾羽蓝灰色、具黑色端斑和白色次端斑。

生态习性： 留鸟。杂食性。栖息于各种不同类型的森林中。喜群栖。活泼而嘈杂。性情凶悍，繁殖期可攻击进入领域的猛禽及蛇类等凶猛动物，有时会侵入其他鸟类的巢内，攻击蚕食幼雏和鸟卵。繁殖期为 5—7 月。营巢于树木侧枝上，也在高大的竹林上筑巢。

分布概况： 广泛分布，优势种。

保护级别： 国家“三有”保护鸟类。

取食昆虫

换羽

取食果实

取食动物腐尸

幼鸟

雀形目

灰树鹊

拉丁学名： *Dendrocitta formosae*

英 文 名： Grey Treepie

形态特征： 体长约38厘米，体型较大的树鹊。嘴黑色，脚灰近黑色，虹膜红褐色。头顶至后颈灰色，前额至眼、两颊色黑。耳羽色稍浅偏褐色。背部红棕色，两翼黑色且具一明显的白斑。颏、喉黑褐色，胸、腹灰色，腹部两侧色较浅偏白色。尾黑色甚长，楔状，尾上覆羽白色，尾下覆羽黄褐色。

生态习性： 留鸟。杂食性。主要栖息于山地阔叶林、针阔叶混交林和次生林，也见于林缘疏林和灌丛，喜不停地在林中跳跃。常成对或成小群活动。喜鸣叫，叫声尖利而喧闹。繁殖期为4—6月。营巢于树上和灌木上。

分布概况： 广泛分布，优势种。

保护级别： 国家“三有”保护鸟类。

背面

取食黄山玉兰的种子

亚成鸟，取食知了

冬季羽色较暗淡

雀形目

喜鹊

拉丁学名： *Pica pica*

英 文 名： Eurasian Magpie

地方俗名： 鹊、神女

形态特征： 体长约 45 厘米，体型较大的黑白色鸟。嘴黑色，脚黑色，虹膜暗褐色。头颈全黑色。背部黑色，肩部白色。两翼黑色，具蓝绿色金属光泽，初级飞羽白色，羽端黑色。上胸黑色，下胸及腹部白色。尾长，呈楔状，具明显蓝绿色金属光泽。雌性与雄鸟体色基本相似，但光泽不如雄鸟显著。幼鸟形态似雌鸟但体黑色部分呈褐色或黑褐色，白色部分为污白色。

生态习性： 留鸟。杂食性。栖息于山野平原、乡村农田，在人口密集的城区亦可栖息。性情凶悍，常常驱赶进入其领地的猛禽或其他动物。繁殖期为 3—5 月。巢大不隐蔽，主要由枯枝搭建而成，通常在高大乔木、高压电线塔上营巢。

分布概况： 黄山市区周边，罕见。

保护级别： 国家“三有”保护鸟类。

飞行

雀形目

煤山雀

拉丁学名：*Periparus ater*

英 文 名：Coal Tit

地方俗名：贝子鸟、贝子、背儿

形态特征：体长约 11 厘米，体型较小的山雀。嘴灰黑色、锥形，脚灰黑色，虹膜褐色。头顶黑色，具小小的尖状顶冠，顶冠后部至后颈白色。眼下耳羽至颈侧白色。颏、喉黑色。背部灰色，两翼色较深，具两条断点式白色翼斑。下体白色，两胁沾皮黄色。尾平，与两翼色相近，具稍浅色羽缘。

生态习性：留鸟。杂食性，主要以昆虫为食。常栖息于海拔较高或较寒冷的针叶林中。常成 10～30 只的群体在高大针叶树上活动，有时也与大山雀等其他鸟类混群。耐寒，会储藏食物以备冬季之需。可于冰雪覆盖的树枝下取食。常营巢与距地面 2～4 米的树洞或岩缝。

分布概况：主要分布于黄山高海拔区域，主景区的优势种。

保护级别：国家“三有”保护鸟类。

黄山松上搜寻食物

地面觅食

换羽

树干上搜寻食物

取食游客留下的食物碎屑

幼鸟取食食物碎屑

背面观

雀形目

黄腹山雀

拉丁学名： *Pardaliparus venustulus*

英 文 名： Yellow-bellied Tit

地方俗名： 采花鸟、黄豆崽、黄点儿

形态特征： 体长约 10 厘米，体型较小的山雀。嘴黑色、锥状，脚灰黑色，虹膜深褐色。头部黑色具深蓝色光泽。眼下至颈侧具白色斑块，后颈根部至上背具大块白斑。背部深灰色稍偏蓝，具黑色斑纹。两翼色与背部相似，具两道断点式白色翼斑。颏、喉黑色，腹部黄色，两胁稍沾灰色。尾平，与两翼颜色相似。雌鸟头部灰色较重，喉白色，与颊斑之间有灰色的下颊纹。幼鸟似雌鸟但色暗，上体多橄榄色。

生态习性： 留鸟。杂食性。主要栖息于山地各种林木中，冬季会到海拔较低的地方。喜聚群活动，也会与大山雀等鸟类混群。繁殖期为 4—6 月。营巢于天然树洞中。

分布概况： 广泛分布，常见。

保护级别： 中国特有种，国家“三有”保护鸟类。

雄性亚成鸟

雄鸟、捕食昆虫

雌鸟

取食植物种子

雀形目

远东山雀

拉丁学名： *Parus minor*

英 文 名： Japanese Tit

地方俗名： 大山雀、白脸山雀、白面公

形态特征： 体长约 14 厘米，体型较大的山雀，由原来的大山雀 *Parus major* 分出。嘴黑色、尖锥状，脚石板灰色，虹膜褐色。头部黑色，头侧具大块白斑，后颈根部具小块白斑。背部橄榄灰色，略带黄绿色，两翼近黑色，具一明显白色翼斑。颏、喉黑色，腹部白色，两胁略沾灰色，一道黑带沿胸中央而下。尾灰黑色，外侧尾羽具白色羽缘。

生态习性： 留鸟。杂食性。常栖息于山区和平原的阔叶林和针叶林中，夏季最高可以分布到海拔 3 000 米的山区，冬季则向低海拔平原地区移动。常成对或成小群活动。性活泼，胆大易近人，好奇心极强，有非常出色的即兴行为和动作。除睡眠外很少静止下来。它们鸣声悦耳，时而在树顶雀跃，时而在地面蹦跳。繁殖期为 3—8 月。建巢地点多样，可在树间、石隙、屋檐、墙缝、废旧的鹊巢等能栖身产卵的地方筑巢。

分布概况： 广泛分布，常见。

保护级别： 国家“三有”保护鸟类。

幼鸟

生境

成鸟

雀形目

小云雀

拉丁学名： *Alauda gulgula*

英 文 名： Oriental Skylark

地方俗名： 百灵、天鹨、大鹨

形态特征： 体长约 15 厘米，体型较小的黄褐色鸟。嘴褐色、下嘴基部淡黄色，脚肉黄色，虹膜暗褐色。头上有一短的羽冠，受惊时会竖起。上体沙棕色或棕褐色具黑褐色纵纹，下体白色或棕白色，胸棕色具黑褐色羽干纹。

生态习性： 留鸟。杂食性，植食为主。主要栖息于开阔地。多成群活动，有时亦见与鹨混群活动。善奔跑，主要在地上活动，有时也停歇在灌木上。常突然从地面垂直飞起，边飞边鸣，鸣声清脆悦耳，可在空中悬停鸣唱。降落时常两翅突然相叠，急速下坠，或缓慢向下滑翔。

分布概况： 新安江河畔，罕见。

保护级别： 国家“三有”保护动物。

雀形目

纯色山鹪（jiāo）莺

拉丁学名： *Prinia inornata*

英 文 名： Plain Prinia

地方俗名： 褐头鹪莺、纯色鹪莺

形态特征： 体长约 15 厘米，体型略大的灰褐色鹪莺。上嘴偏黑色、下嘴黄褐色，脚橙红色，虹膜浅褐色。头顶棕褐色，眼先至耳羽色稍浅。背部棕褐色，两翼偏红褐色，具黑色羽缘。颏、喉浅棕色，胸、两胁黄褐色偏红色，腹部白色沾皮黄色。尾长，约占体长一半，棕褐色。

生态习性： 留鸟。杂食性，主要以昆虫为食。通常栖息于灌草丛。性活泼，单独或成对活动，常立于领地的枯枝、草尖等突出物处长时间鸣唱。繁殖期为 5—7 月。常营巢于灌草丛中。

分布概况： 浮溪、太平湖、黄山市市郊。

正面

冬羽

羽毛磨损

夏羽、展尾

雀形目

小鳞胸鹪鹛

拉丁学名： *Pnoepyga pusilla*

英文名： Pygmy Wren-Babbler

地方俗名： 小鹪鹛、小鳞鹪鹛

形态特征： 体长约 9 厘米，体型极小的鸟。嘴黑色，脚粉橘色，虹膜深褐色。无尾。有浅色和黄茶色两种色型。浅色型：上体橄榄褐色而略具鳞状斑；下体白色，胸羽的中心色深，羽缘色更深而成鳞状斑纹，两胁鳞斑橄榄褐色。茶色型：上体橄榄褐色，下体同浅色型，但皮黄替代白色。

生态习性： 夏候鸟。杂食性。通常生活于茂密灌丛或竹林的林下，常沿多苔藓及草丛的溪流两岸。性隐蔽。常鸣叫，且叫声独特。喜在林下地面急速穿越奔跑。

分布概况： 主要记录于黄山主景区，如天海、始信峰、白鹅岭等，罕见。

隐藏于林下灌草丛中

雀形目

崖沙燕

拉丁学名： *Riparia riparia*

英 文 名： Sand Martin

地方俗名： 水燕子、土燕、灰沙燕

形态特征： 体长约 12 厘米，小型褐色燕子。嘴黑色、口裂极深，脚黑色，虹膜褐色。头顶深灰褐色，喉白色。上体灰褐色。翅狭长而尖，飞羽黑褐色。胸有灰褐色环带。腹白两胁沾褐色。尾灰褐色，呈浅叉状，尾下覆羽白。

生态习性： 留鸟。主要以昆虫为食。喜栖于水边的土崖上。通常集群活动，亦与其他燕子混群。空中飞行捕食昆虫，尤善于捕捉接近地面或水面的飞行昆虫。繁殖期为 5—7 月。成群混合营巢，常营巢于河流或湖泊岸边沙质悬崖上。

分布概况： 谭家桥、新安江。

保护级别： 国家“三有”保护鸟类，中日候鸟保护协定物种。

雀形目

家燕

拉丁学名： *Hirundo rustica*

英 文 名： Barn Swallow

地方俗名： 观音燕、燕子、拙燕

形态特征： 体长约 20 厘米，小型，是人们熟识的燕子。嘴黑褐色，脚黑色，虹膜暗褐色。头顶辉蓝色，前额红栗色，颏、喉棕栗色，其后有一黑色环。背部辉蓝色，且具金属光泽。翅狭长而尖。飞羽黑褐色，具蓝色金属光泽。胸、腹白色或棕白色。尾长，呈深叉状，近端处具白色点斑，尾下覆羽白色或棕白色。幼鸟和成鸟相似，但尾较短，羽色亦较暗淡。

生态习性： 夏候鸟。主要以昆虫为食。喜欢栖息于人居环境周边。善飞行，并在空中捕食飞虫。繁殖期为 4—7 月。多筑巢于人工建筑的屋椽下或横梁上，衔泥筑巢，巢碗状。

分布概况： 广泛分布于村庄，常见。

保护级别： 国家“三有”保护鸟类，中日、中澳候鸟保护协定物种。

雀形目

金腰燕

拉丁学名： *Cecropis daurica*

英 文 名： Red-rumped Swallow

地方俗名： 赤腰燕、巧燕

形态特征： 体长约 18 厘米，中等体型的燕子。嘴黑色，脚黑色，虹膜褐色。头顶辉蓝色，额部黄栗色，后延至后颈。耳羽白色，且具黑色细纹。颏、喉白色，具细纹。上体蓝黑色，具金属光泽。翅狭长而尖，飞羽偏黑褐具蓝色金属光泽。腰部黄褐色明显。胸腹白色，且具黑色纵纹。腋下偏褐色，翼下覆羽亦为褐色。尾长，呈深叉状，蓝黑色。

生态习性： 夏候鸟。主要以昆虫为食。生活于人类活动区域。结小群活动，飞行时振翼较缓慢且比其他燕更喜高空翱翔。善飞行，飞行迅速敏捷。繁殖期为 4—9 月。主要在屋外墙壁上筑巢，瓶状巢。

分布概况： 广泛分布于村庄，常见。

保护类别： 国家“三有”保护鸟类，中日候鸟保护协定物种。

雀形目

烟腹毛脚燕

拉丁学名： *Delichon dasypus*

英 文 名： Asian House Martin

形态特征： 体长约 13 厘米，体型轻小的燕子。嘴黑色、短而宽扁，基部宽大呈倒三角形，脚肉色，被白色绒羽，虹膜暗褐色。上体黑色，具蓝黑色金属光泽。喉灰白色。背部黑色，下背、腰白色具细的褐色羽干纹。两翼黑褐色具蓝色金属光泽。下体灰白色，胸和两胁缀有更多烟灰色。尾呈浅叉状，黑褐色。

生态习性： 夏候鸟。主要以昆虫为食。栖息于海拔 1 500 米以上的山地悬崖峭壁处，尤其喜欢栖息和活动在人迹罕至的荒凉山谷地带。常成群栖息和活动。善飞行，在空中捕食飞行性昆虫。常营巢于悬崖凹陷处或陡峭岩壁石隙间，也营巢于桥梁、废弃房屋墙壁等人类建筑物上，常成群营巢。

分布概况： 主要在黄山主景区的索道站、宾馆的屋檐下聚群筑巢繁殖，数量多，常见。

保护级别： 国家“三有”保护动物。

巢中雏鸟

飞行

休息

雀形目

领雀嘴鹎

拉丁学名： *Spizixos semitorques*

英 文 名： Collared Finchbill

地方俗名： 羊头公、绿鹦嘴鹎、青冠雀

形态特征： 体长约 23 厘米，体型较大的偏绿色鹎。嘴粗短，上嘴略向下弯曲，灰黄色或肉黄色。脚淡灰褐或褐色。虹膜褐色。头部黑色杂有白色或灰色细纹。颈部半环状白环。背部深橄榄绿色。两翼稍偏褐色。下体较背部稍黄。尾橄榄黄色具宽阔的暗褐至黑褐色端斑。

生态习性： 留鸟。主要以植物性食物为主。通常栖息于低山丘陵和山脚平原地区，也出现在庭院、果园和村舍附近的丛林与灌丛中。繁殖期为 5—7 月。常营巢于溪边或路边小树侧枝梢处，有时也营巢于灌丛上。

分布概况： 广泛分布，优势种。

保护级别： 国家“三有”保护鸟类。

叼树枝筑巢

冬季晒太阳取暖

经常取食农民种的菜，当地有人称其为“菜鸟”

冬季常数只挤在一起取暖

雀形目

黄臀鹎

拉丁学名： *Pycnonotus xanthorrhous*

英 文 名： Brown-breasted Bulbul

形态特征： 体长约 20 厘米，中等体型的灰褐色鹎。嘴黑色，脚黑色，虹膜褐色。头部黑色。耳羽棕褐色。颏、喉白色，喉侧具不明显的黑色髭纹。背部褐色，两翅暗褐色，飞羽具淡色羽缘。上胸灰褐色，形成一条宽的灰褐色环带，两胁灰褐色，腹部污白色。尾较长，暗褐色，尾下覆羽黄色。

生态习性： 留鸟。杂食性。主要栖息于沟谷林、林缘疏林灌丛、稀树草坡等开阔地区，也出现于竹林、果园、农田地边与村落附近的小块丛林和灌木丛中。常成小群活动，有时亦见其他鹎混群。繁殖期为 4—7 月。常营巢于灌木或竹丛间，也在林下小树上营巢。

分布概况： 广泛分布，汤口、石门峡等地易见。

保护级别： 国家“三有”保护鸟类。

雀形目

白头鹎

拉丁学名： *Pycnonotus sinensis*

英 文 名： Light-vented Bulbul

地方俗名： 白头翁、白头婆、淡臀鹎、中国鹎

形态特征： 体长约19厘米，中等体型的偏绿色鹎。嘴黑色，脚黑色，虹膜褐色。额至头顶黑色，枕部白色。耳羽后部有一白斑。背和腰羽大部为灰绿色，翼稍带黄绿色。颏、喉白色，胸灰褐色形成不明显的宽阔胸带，腹部白色或灰白色。尾部橄榄绿色，稍带黄绿色。幼鸟头灰褐色，背橄榄色，胸部浅灰褐色，腹部及尾下覆羽灰白色。

生态习性： 留鸟。杂食性。栖息于林地、果园、村落、农田地边灌丛、次生林和竹林等各种生境。喜集群，性活泼，喜鸣唱。繁殖期为4—8月。营巢于灌木或阔叶树上、竹林和针叶树上。

分布概况： 广泛分布，常见。

保护级别： 国家“三有”保护鸟类。

雀形目

栗背短脚鹎

拉丁学名： *Hemixos castanonotus*

英 文 名： Chestnut Bulbul

形态特征： 体长约 21 厘米，体型较大的栗色鹎。嘴黑色，脚黑色，虹膜褐色。头顶具黑褐色短冠。背部栗色，两翼暗褐色。下体白色，胸部、两胁沾灰色。尾较长，暗褐色沾棕色。

生态习性： 留鸟。杂食性。主要栖息于山区林地、灌丛等各种生境中。常成对或成小群活动。喜鸣唱，叫声悦耳动听。繁殖期为 4—6 月。营巢于小树或林下灌木枝丫上。

分布概况： 温泉酒店周边、黄泥涧等地，常见。

成鸟

亚成鸟

雀形目

绿翅短脚鹎

拉丁学名： *Ixos mcclellandii*

英 文 名： Mountain Bulbul

地方俗名： 山短脚鹎

形态特征： 体长约24厘米，体型较大的绿色鹎。嘴黑色，脚肉色，虹膜褐色。头顶栗色具短而尖的羽冠，具白色羽轴纹。颈浅栗褐色。背部橄榄褐色且偏灰色。两翼绿色且具金属光泽，飞羽暗褐色或黑褐色。颏、喉灰色具白色细纵纹，胸棕色具白色纵纹，腹部淡棕黄色。尾长，橄榄绿色，羽缘色较深，尾下覆羽淡黄色。

生态习性： 留鸟。杂食性，主要以野生植物果实与种子为食。栖息于山区林地、竹林、灌丛等各类生境中。常成小群活动。多在林冠层跳跃、飞翔，并同时发出喧闹的叫声，鸣声清脆多变而婉转。繁殖期为5—8月。营巢于乔木树侧枝上或林下灌木和小树上。

分布概况： 广泛分布，常见。

雀形目

黑短脚鹎

拉丁学名： *Hypsipetes leucocephalus*

英 文 名： Black Bulbul

地方俗名： 黑鹎、红嘴黑鹎

形态特征： 体长约 20 厘米，体型中等的黑色鹎。嘴、脚均为醒目的红色，虹膜褐色。头顶具短小羽冠。尾具浅叉。常见黑白两种色型。黑色型通体黑色，尾部羽缘色较灰；白色型头、颈及前胸纯白，其他全黑，尾羽亦具稍浅色边缘。

生态习性： 留鸟。杂食性。通常生活在次生林、阔叶林、常绿阔叶林和针阔叶混交林及其林缘地带。常单独或成小群活动，冬季亦集成大群，偶尔也见和黄臀鹎混群。性活泼，叫声灵动多变。繁殖期为 4—7 月。营巢于山地森林中树上，巢多置于乔木树水平枝上，距地高 15 ～ 18 米。

分布概况： 广泛分布，黄山 2 种色型皆有，常见。

保护级别： 国家“三有”保护鸟类。

雀形目

棕腹柳莺

拉丁学名： *Phylloscopus subaffinis*

英 文 名： Buff-throated Warbler

形态特征： 体长约 11 厘米，体型中等的橄榄绿色柳莺。嘴短小深褐色，脚色深，虹膜褐色。上体橄榄绿色偏褐色，具暗黄色明显眉纹。两翼及尾色较深。下体色较浅，呈皮黄色。

生态习性： 夏候鸟。杂食性，主要以昆虫为食。栖息于密林林下植被。夏季成对活动于高海拔的山区森林及灌丛，越冬则成群活动于低海拔的山丘及低地。喜鸣唱，鸣声较轻慢而细弱，无前导的装饰音。

分布概况： 仅记录于光明顶，罕见。1960 年郑作新有记录，但《安徽鸟类图志》未将其列入。

保护级别： 国家“三有”保护鸟类。

草丛中觅食

在黄山松上觅食

腹面、展翅

雀形目

黄眉柳莺

拉丁学名： *Phylloscopus inornatus*

英 文 名： Yellow-browed Warbler

地方俗名： 树串儿、槐串儿、树叶儿

形态特征： 体长约 11 厘米，体型中等的柳莺。上嘴黑色、下嘴浅黄褐色，脚淡黄褐色，虹膜褐色。头顶橄榄绿色，顶冠纹不明显，眉纹淡黄色、向后逐渐变浅偏白，眉纹下具黑色贯眼纹。背部橄榄绿色，两翼色较深，与背部颜色对比明显，具两道明显的黄色翼斑。下体白色，两胁沾黄色，尾下覆羽稍沾灰色。尾较短且平，橄榄绿色且具黑色条纹。

生态习性： 冬候鸟。以昆虫为食。栖息于各类林地。性活跃，常在树上跳跃，并发出叫声。单独或小群活动。

分布概况： 广泛分布，常见。

保护级别： 国家“三有”保护鸟类，中日候鸟保护协定物种。

雀形目

华南冠纹柳莺

拉丁学名： *Phylloscopus goodsoni*

英 文 名： Hartert's Leaf Warbler

形态特征： 体长约 11 厘米，体型中等的柳莺。最近从冠纹柳莺（*Phylloscopus claudiae*）新分出的物种。上嘴黑褐色、下嘴黄色，脚黄褐色偏灰色，虹膜褐色。头顶黄绿色，具黑色顶冠纹，眉纹淡黄色，自嘴基额部向后延伸。背部深绿色。两翼较背部色深，具两条明显的黄色翼斑，飞羽偏深绿发黑色，具浅色羽缘。下体白色沾绿，两胁及尾下覆羽沾黄绿色明显。尾深绿色。

生态习性： 夏候鸟。食虫。主要栖息于山地阔叶林和次生林中，也栖息于林缘灌丛和果园。除繁殖期间单独或成对活动外，其他时候多成群，也常与其他小鸟混群活动和觅食。性活泼，常在树上枝叶间跳来跳去，或从一棵树快速飞向另一棵树，也在林下灌丛中活动和觅食。繁殖期为 4—7 月。常营巢于林下或森林边土岸洞穴中。

分布概况： 广泛分布，黄山主景区的优势种。

保护级别： 国家“三有”保护鸟类。

背部

捕食

鸣唱

侧面

展翅

雀形目

黑眉柳莺

拉丁学名： *Phylloscopus ricketti*

英 文 名： Sulphur-breasted Warbler

形态特征： 体长约 11 厘米，体型中等的颜色艳丽的柳莺。上嘴色深，下嘴偏黄色，脚黄粉色，虹膜深褐色。上体亮绿色，头顶中央冠纹绿黄色、显著，两侧各具黑色侧冠纹，眉纹黄色，贯眼纹黑色。翅上有两道淡黄色翅斑。下体亮黄色，两胁沾绿色。尾平，亮绿色。

生态习性： 夏候鸟。以昆虫为食。主要栖息于山地阔叶林。除繁殖期间单独或成对活动外，其他时候多成群，也常与其他小鸟混群活动和觅食。性活泼，常在树上枝叶间跳来跳去，鸣声响亮。繁殖期为 4—7 月。常营巢于林下或森林边土岸洞穴中。

分布概况： 记录于浮溪、西海大峡谷，罕见。

保护级别： 国家“三有”保护鸟类。

捕食竹节虫

背面

侧面

正面

雀形目

栗头鹟莺

拉丁学名： *Seicercus castaniceps*

英 文 名： Chestnut-crowned Warbler

形态特征： 体长约 9 厘米，体型甚小的鹟莺。上嘴黑褐色、下嘴黄褐色，脚淡黄色，虹膜褐色。头顶红栗色，具不明显的黑色顶冠纹。眼眶白色。颈侧以及肩部浅灰色。背部橄榄绿色，两翼色稍深，具两道明显的黄色翼斑，飞羽具黑色和白色羽缘。腰黄色。下体胸以上灰白色，下体黄色。尾平中央稍内凹，橄榄绿色，外侧尾羽具白色羽缘。

生态习性： 冬候鸟。以昆虫为食。常栖息活动于山区森林，与其他种类混群。在小树的树冠层积极觅食。性活跃但也很隐蔽，常躲在林子中鸣叫，只闻其声，不见其影。

分布概况： 广泛分布，常见。

背面、捕食昆虫

侧面

雀形目

强脚树莺

拉丁学名： *Horornis fortipes*

英　文　名： Brown-flanked Bush Warbler

地方俗名： 棕胁树莺、山树莺

形态特征： 体长约12厘米，体型较小的树莺。上嘴黑色、下嘴黄褐色，脚褐色，虹膜褐色。头部灰褐色，眉纹皮黄色，贯眼纹黑褐色，耳羽棕褐色，具皮黄色细纹。背部灰褐色，两翼偏红栗，具黑色羽缘。颏、喉、胸灰白色，稍具细纹，腹、两胁棕褐色。尾棕褐色，尾羽具黑色羽缘，尾下覆羽棕黄色。

生态习性： 留鸟。杂食性，主要以昆虫为食。栖息于茂密的阔叶林树丛和灌草丛间。经常不停地穿梭于茂密的枝间，常常只闻其声，不见其影。善鸣叫，叫声洪亮、清脆婉转。繁殖期为5—8月。常筑巢于草丛或灌丛上。

分布概况： 广泛分布，常见。夏季在黄山中高海拔繁殖，冬季到低海拔越冬。

鸣唱

雀形目

棕脸鹟莺

拉丁学名：*Abroscopus albogularis*

英 文 名：Rufous-faced Warbler

地方俗名：棕面莺

形态特征：体长约 10 厘米，体型较小的鹟莺。上嘴棕褐色、下嘴黄褐色，脚粉褐色，虹膜褐色。头、脸棕黄色，具两条黑色侧冠纹。上体橄榄绿色，腰黄色。喉中间黑色、两边白色，下体余部白色沾灰色，胸前具淡黄色胸带。尾橄榄绿色，尾羽具黑色羽缘。

生态习性：留鸟。主要以昆虫为食。栖息于常绿林及竹林密丛。常与其他小鸟混群。喜鸣叫，常在山林里闻其独特的尖细鸣声，但很难见到。

分布概况：广泛分布，常见。

正面

幼鸟

栖息环境

雀形目

银喉长尾山雀

拉丁学名： *Aegithalos glaucogularis*

英 文 名： Silver-throated Bushtit

地方俗名： 银喉山雀、吁吁猫儿

形态特征： 体长约16厘米，体型小巧的长尾山雀。嘴黑色，脚黑色，虹膜深褐色。头顶两边黑色，中央偏后部白色。两颊灰白色。颏、喉中央上部黑色，喉两侧白色。背部灰褐色，灰色向后逐渐加深。两翼黑褐色具白色羽缘。腰部红色。下体白色沾粉色，两胁偏红棕色。尾黑色，比身体的长度还要长，外侧尾羽具白色羽缘，尾下覆羽棕色。

生态习性： 留鸟。杂食性。栖息于山地针叶林或针、阔混交林中。喜集群。繁殖期为3—5月。常营巢于树上的枝杈间，巢椭圆状。

分布概况： 浮溪、宏村，常见。

保护级别： 国家“三有”保护动物。

雀形目

红头长尾山雀

拉丁学名： *Aegithalos concinnus*

英 文 名： Black-throated Bushtit

地方俗名： 小老虎、红宝宝儿、红顶山雀

形态特征： 体长约 10 厘米，体型小巧的长尾山雀。嘴黑色，脚红栗色，虹膜浅黄色。头顶和后颈栗红色，头侧和颈侧黑色；颏、喉白色，喉部中央有一大型绒黑色块斑；其余上体暗蓝灰色，腰部羽端浅棕色，两翼黑褐色夹以红褐色。胸、腹亦白色，胸部具栗红色宽胸带，两胁和尾下覆羽亦为栗红色。尾黑褐色，中央尾羽沾蓝灰色。

生态习性： 留鸟。杂食性。主要栖息于山地森林和灌木林间，也见于果园、茶园等人类居住地附近的小林内。常十余只或数十只成群活动。性活泼，叫声低弱，似"吱—吱—吱"。繁殖期为 2—6 月。常营巢在柏树上。

分布概况： 广泛分布，优势种。

保护级别： 国家"三有"保护动物。

亚成鸟

腹面观

倒挂

雀形目

灰头鸦雀

拉丁学名： *Psittiparus gularis*

英 文 名： Grey-headed Parrotbill

地方俗名： 金色鸟形山雀

形态特征： 体长约 17 厘米，中等体型的鸦雀。嘴橙黄色、短而粗厚似鹦鹉嘴，脚黑褐色，虹膜红褐色。头部灰色，自额沿眼上方至枕部有一条长而宽的黑色条带，眼圈白色。上体红褐色或棕褐色。下体白色沾灰色，喉中部黑色。尾棕褐色。

生态习性： 留鸟。杂食性。主要以昆虫为食。主要栖息于山地森林中。性喜聚群，活泼喧闹，冬季可聚成数百只的大群活动。繁殖期为 4—6 月。常营巢于林下幼树或竹的枝杈间。

分布概况： 广泛分布，常见。

保护级别： 国家“三有”保护鸟类。

飞行

常倒挂树枝上觅食

雀形目

棕头鸦雀

拉丁学名： *Sinosuthora webbiana*

英 文 名： Vinous-throated Parrotbill

地方俗名： 粉红鹦嘴、黄豆鸟、鸡蛋鸟

形态特征： 体长约 12 厘米，小型的棕色鸦雀。嘴粗短、棕黄色，脚灰粉色，虹膜暗褐色。头顶至上背均为红棕色。背、肩、腰棕褐色。两翼飞羽暗褐色具红棕色羽缘，翼上覆羽灰褐色。下体胸以上红棕色具细纵纹，胸以下色较淡偏灰。尾羽暗褐色，尾上覆羽棕褐色，尾下覆羽灰褐色。

生态习性： 留鸟。主要以昆虫为食。栖息于灌草丛生境，也出现在林地。性活泼可爱，好动喧闹，胆大不甚怕人。繁殖期为 4—8 月。常营巢于灌木或竹丛上。

分布概况： 广泛分布，常见。

保护级别： 国家“三有”保护鸟类。

侧转身

背部

小群活动

叼巢材

好奇张望

灌草丛中活动

雀形目

短尾鸦雀

拉丁学名： *Neosuthora davidiana*

英 文 名： Short-tailed Parrotbill

地方俗名： 挂墩鸦雀

形态特征： 体长约 10 厘米，小型的棕色鸦雀。嘴粗短、粉色，嘴峰黄白色，脚红褐色，虹膜暗褐色。头顶至后颈均为栗红色，上体暗灰色；两翼飞羽暗褐色具红棕色羽缘；尾较短，尾羽暗褐色，尾上覆羽红褐色。颏及喉黑色杂有白色细纹；胸、腹灰白色，尾下覆羽棕褐色。尾羽暗褐色，尾上覆羽棕褐色，尾下覆羽灰褐色。

生态习性： 留鸟。主要以昆虫为食。栖息于灌草丛生境，特别喜欢茂密的矮竹林。性活泼可爱，好动喧闹。成小群活动，有时与棕头鸦雀混群。

分布概况： 记录于石门峡，偶见。

保护级别： 国家“三有”保护鸟类。

躲藏在茂密的竹林中

雀形目

栗颈凤鹛

拉丁学名： *Yuhina torqueola*

英 文 名： Chestnut-collared Yuhina

形态特征： 体长约 13 厘米，中等体型的凤鹛。由栗耳凤鹛（*Yuhina castaniceps*）亚种提升为种。嘴褐色，脚黄褐色，虹膜浅红褐色。头顶具短羽冠，头顶至枕灰色。眼至颈侧栗色杂以白色细纹，呈半领环状。背部橄榄褐色，两翼灰褐色。下体浅灰白色，胸侧和两胁沾褐色。尾灰褐色，外侧尾羽具白色端斑。

生态习性： 留鸟。杂食性，主要以昆虫为食。通常栖息活动于中高海拔的森林树冠层。性喜聚群，喧闹。繁殖期为 4—7 月。常营巢于其他鸟类废弃的巢洞或天然洞中。

分布概况： 广泛分布，优势种。

取食植物种子

聚群活动

雀形目

暗绿绣眼鸟

拉丁学名： *Zosterops japonicus*

英 文 名： Japanese White-eye

地方俗名： 绿豆鸟、绣眼儿、粉眼儿、粉燕儿、白眼儿、白日眶

形态特征： 体长约 10 厘米，体型较小的绿色鸟。嘴黑色，脚暗铅色，虹膜橙褐色。眼周具一圈明显的白色绒状短羽。上体草绿色，飞羽及尾羽黑褐色。下体喉至上胸部亮黄色，腹中央近白色，下胸和两胁浅灰色，尾下黄色。

生态习性： 夏候鸟。杂食性。主要栖息于各种类型森林中，也栖息于果园、林缘以及村庄周边的树上。性活跃好动，喜聚群活动。繁殖期为 4—7 月。营巢于阔叶或灌木上，巢杯状。

分布概况： 广泛分布，常见。

保护级别： 国家“三有”保护动物。

雀形目

棕颈钩嘴鹛

拉丁学名： *Pomatorhinus ruficollis*

英文名： Streak-breasted Scimitar Babbler

地方俗名： 小钩嘴嘈鹛、小钩嘴嘈杂鸟、小钩嘴鹛

形态特征： 体长约 17 厘米，体型较小的钩嘴鹛。嘴向下弯曲，上嘴黑色、端部和边缘黄色，下嘴黄色；脚褐色；虹膜黄色。头顶棕褐色，具白色眉纹。嘴基至耳羽黑色。背部棕褐色。两翼灰褐色，具黑色羽缘。颏、喉白色，胸前白色具红褐色纵纹。腹部棕褐色，两胁偏黑色。尾棕褐色，具黑色羽缘，尾下覆羽棕褐色。

生态习性： 留鸟。主要以昆虫为食。栖息于低山和山脚平原地带的阔叶林、次生林、竹林和林缘灌丛中，也出入于村寨附近的茶园、果园、路旁丛林和农田地灌木丛间。常单独、成对或成小群活动。性活泼，胆怯畏人。繁殖期间常躲藏在树叶丛中鸣叫，单调、清脆而响亮。繁殖期为 4—7 月。常营巢于灌木上。

分布概况： 广泛分布于黄山的灌丛、林地生境，常见。

腹部

侧面

小群活动

头部

雀形目

红头穗鹛

拉丁学名： *Stachyridopsis ruficeps*

英 文 名： Rufous-capped Babbler

地方俗名： 红顶嚯鹛、红顶穗鹛、红头小鹛

形态特征： 体长约 13 厘米，体型较小的鹛。嘴灰色，脚棕绿色，虹膜棕红色。自嘴基向上至头顶，有明显的红色。眼先偏白，两颊及耳羽灰褐色，且逐渐加深。背部灰褐色，微微泛绿。两翼色较背部稍深。喉黄具黑色细纵纹，下体余部橄榄绿色。尾橄榄绿色偏灰色，尾下覆羽灰白色。

生态习性： 留鸟。杂食性，主要以昆虫为食，偶尔也吃少量植物果实与种子。主要栖息于山地森林中。常单独或成对活动，有时也见成小群，或与棕颈钩嘴鹛及其他鸟类混群活动，在林下或林缘枝叶间飞来飞去或跳上跳下。繁殖期为 4—7 月。常营巢于茂密的灌丛、竹丛及草丛。

分布概况： 广泛分布于黄山的灌丛、林地生境，常见。

林缘活动

草丛活动

雀形目

淡眉雀鹛

拉丁学名： *Alcippe hueti*

英 文 名： Huet's Fulvetta

地方俗名： 绣眼画眉、白眼环眉、山白目眶

形态特征： 体长约 14 厘米，体型略大的雀鹛。由灰眶雀鹛（*Alcippe morrisonia*）的亚种提升为种。嘴灰黑色，脚肉橘色，虹膜红色至栗色。头顶石板灰色，具明显的灰白色眼眶；耳羽较头部色稍浅。背部橄榄绿色偏褐色，两翼色较深具黑色羽缘，腰部较背部稍浅，偏黄绿色。下体白色，前胸及两胁沾皮黄色。尾棕褐色具黑色羽缘，尾上覆羽与腰同色，尾下覆羽白色沾黄色。

生态习性： 留鸟。杂食性，主要以昆虫和昆虫幼虫为食。栖息于山地和山脚平原地带的森林和灌丛中。通常聚群活动，常与其他小鸟混群。性活泼，频繁地在树枝间跳跃或飞来飞去，有时也沿粗的树枝或在地上奔跑捕食。繁殖期为 5—7 月。常营巢于林下灌丛近地面的枝杈上。

分布概况： 广泛分布，常见。

活动于杉木林

隐匿于灌草丛中

雀形目

黑脸噪鹛

拉丁学名： *Garrulax perspicillatus*

英 文 名： Masked Laughingthrush

地方俗名： 嘈杂鸫、噪林鹛、七姊妹

形态特征： 体长约 30 厘米，体型较大的噪鹛。嘴黑褐色，脚淡褐色，虹膜黑色。头顶至后颈褐灰色。脸部黑色明显。背暗灰褐色至尾上覆羽转为土褐色。翼上覆羽和最内侧飞羽与背同色，其余飞羽褐色。颏、喉褐灰色，上胸褐灰色，下胸、腹棕白色，尾下棕黄色。尾长，棕褐色。

生态习性： 留鸟。杂食性。主要栖息于平原和低山丘陵地带的灌丛或竹丛中。性活泼喧闹，常成对或成小群活动，有时和白颊噪鹛混群。繁殖期为 4—7 月。常营巢于低山丘陵和村寨附近小块丛林和竹林内，巢多置于灌木、幼树或竹类枝丫上。

分布概况： 广泛分布，常见。

保护级别： 国家“三有”保护鸟类。

聚群地上觅食

树上休息

理羽

雀形目

小黑领噪鹛

拉丁学名： *Garrulax monileger*

英 文 名： Lesser Necklaced Laughingthrush

形态特征： 体长约28厘米，体型中等的棕褐色噪鹛。嘴黑褐色，脚肉色偏粉色，虹膜栗色。头顶棕褐色，眉纹白色，眉纹下自嘴基过眼经颈侧至前胸有一黑色条带，从嘴基至前胸逐渐加宽，形成领状环。耳羽白色。背部棕红色，两翼棕褐色，具黑色羽缘。颏、喉、下体白色，两胁至跗跖上覆羽棕红色。尾棕褐色，外侧尾羽具棕色端斑，尾下覆羽棕红色。

生态习性： 留鸟。杂食性，主要以昆虫为食。通常栖息于低山和山脚平原地带的阔叶林、竹林和灌丛中。聚群活动，常与黑领噪鹛及其他噪鹛混群活动。多在林下地上草丛和灌丛中活动和觅食，见人立刻潜入密林深处，不易见。一般不做长距离飞行。喜鸣叫，甚为嘈杂。繁殖期为4—6月。营巢于低山阔叶林中，通常置巢于林下灌丛、竹丛或小树上。

分布概况： 太平湖周边林地。

保护级别： 国家“三有”保护鸟类。

树上栖息

捕食昆虫

聚群地上觅食

雀形目

黑领噪鹛

拉丁学名： *Garrulax pectoralis*

英 文 名： Greater Necklaced Laughingthrush

地方俗名： 大黑领噪鹛、画眉王、大画眉

形态特征： 体长约30厘米，体型较大的噪鹛。上嘴黑色、下嘴灰色，脚灰褐色，虹膜栗色。整体棕褐色。与小黑领噪鹛相比较，体型更大，眼先白色，耳羽有黑白纵纹，黑色胸带常常断裂且多与黑色颧纹相接。

生态习性： 留鸟。主要以昆虫为食。多栖息于林下茂密的灌丛或竹丛中。性喜集群，亦与小黑领噪鹛或其他噪鹛混群活动。性机警，多躲藏在茂密的灌丛中。繁殖期为4—7月。常营巢于低山阔叶林中，巢多置于林下灌丛、竹丛或幼树上。

分布概况： 广泛分布，常见。

保护级别： 国家“三有”保护鸟类。

觅食

雀形目

灰翅噪鹛

拉丁学名： *Garrulax cineraceus*

英文名： Moustached Laughingthrush

地方俗名： 须噪鹛

形态特征： 体长 21 ～ 25 厘米，中等体型的棕褐色噪鹛。虹膜白至浅黄色，上嘴暗褐色，下嘴黄色，脚黄褐色。前额、头和后颈黑色，眉纹、耳羽栗褐色，眼先至脸颊白色，下颊纹黑色。上体橄榄褐色，腰部沾棕色；飞羽黑褐色，外侧飞羽外翈蓝灰色，其余飞羽具宽阔的黑色次端斑和窄的白色端斑。尾羽褐色，具宽的黑色次端斑和窄的白色端斑。下体颏灰白色，余部棕褐色，喉具细的黑色羽干纹。

生态习性： 留鸟。主要以昆虫为食。多栖息于林下茂密的灌丛或竹丛中。小群活动，性机警，多躲藏在茂密的灌丛中。繁殖期为 4—6 月。常营巢于小乔木的树杈上。

分布概况： 仅记录于黄山风景区白鹅岭一带，偶见。

保护级别： 国家“三有”保护鸟类。

雀形目

棕噪鹛

拉丁学名： *Garrulax berthemyi*

英 文 名： Rufous Laughingthrush

地方俗名： 竹鸟、八音鸟

形态特征： 体长约28厘米，体型中等的噪鹛。嘴黄色，嘴基泛蓝，脚灰色，虹膜褐色。头顶栗色，具黑色鳞状条纹。眼圈裸露皮肤蓝色，眼后具黑色。耳羽棕褐色。颈及背部均为棕褐色。两翼红褐色，具黑色和灰色羽缘。颏黑色，喉棕褐色，胸部棕褐色偏灰色，腹部较胸部更偏灰蓝色，两胁色更深。尾红褐色，尾上覆羽红褐色，尾下覆羽白色。

生态习性： 留鸟。杂食性，主要以昆虫为食。栖息于海拔较高的山地森林，尤以林下植物发达、阴暗、潮湿和长满苔藓的岩石地区较常见。常单独或成小群活动。性羞怯、善隐藏，但在黄山上不大惧人。善鸣叫，繁殖期间鸣声亦甚委婉动听，富有变化。常营巢于矮低乔木枝丫上。

分布概况： 主要分布于黄山风景区的高海拔区域，冬季会下到温泉酒店周边，优势种，数量多。

保护级别： 中国特有种，国家“三有”保护鸟类。

相互理羽

取食昆虫

取食面包屑

黄山松上

换羽中

背面

幼鸟

腹面

雀形目

画眉

拉丁学名： *Garrulax canorus*

英 文 名： Hwamei

形态特征： 体长约 22 厘米，体型较小的棕褐色鹛。嘴黄色，脚橘黄色，虹膜棕褐色。通体棕褐色，具黑褐色纵纹。眼先黑色，眼周裸露皮肤浅蓝紫色。白色眼圈在眼后延长，形成眉纹。腹部偏红栗色，尾较长偏棕褐色。雌鸟似雄鸟，但较小，体型较修长。

生态习性： 留鸟。杂食性。栖息于山丘灌丛和村落附近或城郊的灌丛、竹林或庭院中。喜欢单独生活，秋冬结集小群活动。性机敏胆怯、好隐匿。常立树梢枝杈间鸣唱，还善模仿其他鸟类、兽或虫的声音。繁殖期为 4—7 月。营巢于地面草丛中、茂密树林和小树上。

分布概况： 广泛分布于黄山的灌丛、林地生境，常见。

保护级别： 国家“三有”保护鸟，列入 CITES 附录Ⅱ。

取食植物果实

腹部具孵卵斑

有时会聚小群活动

雀形目

红嘴相思鸟

拉丁学名： *Leiothrix lutea*

英 文 名： Red-billed Leiothrix

地方俗名： 相思鸟、红嘴玉、五彩相思鸟、红嘴鸟

形态特征： 体长约 16 厘米，体型小巧且色彩艳丽的小鸟。嘴赤红色，脚肉橘色，虹膜淡红褐色。头顶橄榄绿色，稍偏灰色。眼先及眼圈白色，耳羽灰色，耳羽下有一灰绿色纹。背部橄榄绿色偏灰。两翼色彩艳丽，具金黄色和红色翼斑，具金属光泽，且具黑色羽缘。下体黄色，胸部红色，两胁沾灰色。尾较长，黑色，尾下覆羽浅黄色。

生态习性： 留鸟。杂食性，主要以昆虫为食。常栖居于阔叶林的灌丛或竹林中。性喜结群或与其他鸟混群。活泼好动，喜在树丛中集群飞行、穿梭，不停地欢跳和鸣叫。雄鸟鸣唱时常扇动双翅，耸竖体羽，声脆响亮，多变悦耳；雌鸟只能发出低沉单一的“吱吱”声。繁殖期为 4—6 月。营巢于各种类型森林的荆棘或矮树上。

分布概况： 夏季主要在黄山高海拔地区，冬季下到低海拔活动，优势种。为黄山市市鸟。

保护级别： 国家“三有”保护鸟类。

雀形目

普通䴓（shī）

拉丁学名： *Sitta europaea*

英 文 名： Eurasian Nuthatch

地方俗名： 茶腹䴓、蓝大胆、松枝儿、贴树皮

形态特征： 体长约 13 厘米，似山雀的小鸟。嘴蓝灰色，脚橙棕色，虹膜深褐色。上体灰蓝色，具黑色过眼纹。两翼飞羽黑色。颏、喉、颈侧和胸部为白色，腹部两侧栗色，下腹土黄褐色。尾中央蓝灰色，两边灰色。

生态习性： 留鸟。食虫。主要栖息于山区林地。能在树干向上或向下攀行，啄食树皮下的昆虫，亦有时以螺旋形沿树干攀缘活动。性活泼，不甚畏人。繁殖期常利用啄木鸟的弃洞或在树干上凿穴。

分布概况： 记录于丰乐河周边树林。

雀形目

褐河乌

拉丁学名： *Cinclus pallasii*

英 文 名： Brown Dipper

地方俗名： 水乌鸦、小水乌鸦

形态特征： 体长约 21 厘米，体型稍大的河乌。嘴黑褐色、直且细尖，脚黑褐色，虹膜褐色。成鸟通体深褐色，体型结实似鸫，两翼及尾均短且常上翘。眼圈白色，常为眼周羽毛遮盖而不显。眼睑白色偏灰，闭眼时很明显。幼鸟黑褐色，羽缘棕褐色形成鳞状斑。

生态习性： 留鸟。以动物性食物为主。通常栖息于溪流、河流生境，喜欢停栖于石头上。水中觅食，能在水面浮游，也能在水底潜走。单独或成对活动，幼鸟常成“小家族”集群活动。繁殖期为 4—7 月。巢筑于河流两岸石隙间、石壁凹处或树根下。

分布概况： 广泛分布于黄山风景区的溪流生境，常见。

幼鸟

翘尾

正面

溪流生境

水中捕食

雀形目

八哥

拉丁学名： *Acridotheres cristatellus*

英 文 名： Crested Myna

地方俗名： 普通八哥、寒皋、驾鸰

形态特征： 体长约 26 厘米，体型较大的黑色鸟。嘴浅黄色、基部红色，脚长、黄色，虹膜橘黄色。通体黑色。嘴基具延长成簇状的矛状额羽延，形如冠状。两翅上有宽阔的白斑，飞翔时尤为明显。

生态习性： 留鸟。杂食性。主要栖息于低山丘陵和山脚平原地带的次生阔叶林、竹林和林缘疏林中，也常见于农田、牧场、果园和村寨附近的大树上，有时还栖息于屋脊上或田间地头。性喜结群。善鸣叫，尤其在傍晚时甚为喧闹。繁殖期为 4—8 月。营巢于树洞、建筑物洞穴中。

分布概况： 广泛分布，常见。

保护级别： 国家“三有”保护鸟类。

雀形目

黑领椋鸟

拉丁学名： *Gracupica nigricollis*

英 文 名： Black-collared Starling

地方俗名： 黑脖八哥、白头椋鸟

形态特征： 体长约 28 厘米，体型较大的椋鸟。嘴黑色，脚黄色，虹膜深褐色。头白，眼周裸露皮肤黄色。颈部至前胸黑色，形成一道黑色领环。背部黑色偏暗淡，稍泛褐。两翼黑色，具白色横斑。腰白色。腹部白色沾褐色。尾黑色，边缘及部端白色。雌鸟似雄鸟但多褐色，幼鸟无黑色颈环。

生态习性： 留鸟。主要以昆虫为食。通常栖息于山脚平原、草地、农田、灌丛、荒地、草坡等开阔地带。常成对或成小群活动，有时也见和八哥混群。觅食多在地上。鸣声单调、嘈杂，常且飞且鸣。繁殖期为 4—8 月。营巢于高大乔木上，置巢于树冠层枝杈间。

分布概况： 广泛分布，常见。

保护级别： 国家“三有”保护鸟类。

雀形目

丝光椋鸟

拉丁学名： *Spodiopsar sericeus*

英 文 名： Red-billed Starling

地方俗名： 红嘴椋鸟

形态特征： 体长约23厘米，体型较小的灰白色椋鸟。嘴直尖而有力，朱红色，尖端黑色。脚橘黄色。虹膜黑色。头、颈白色微缀有灰色，羽毛狭窄而尖长呈矛状，披散至上颈，悬垂于上胸。背灰色，颈基处较暗，往后逐渐变浅，到腰和尾上覆羽则为淡灰色。肩外缘白色。两翅黑色具蓝绿色金属光泽。部分个体前胸具深浅不一黑色宽带。腹灰白色。尾黑而具蓝绿色金属光泽，尾下覆羽白色。

生态习性： 留鸟。主要以昆虫为食。在人居环境周边次生林、果园、农田等生境常见。喜结群于地面觅食，树上休息。较嘈杂。繁殖期为5—7月。营巢于树洞，也在人工建筑的洞穴或人工巢箱中营巢。

分布概况： 广泛分布，常见，数量多。

保护级别： 国家“三有”保护鸟类。

幼鸟在电线上喧闹

在房顶上休息

叼巢材

冬季集大群在树上休息

雀形目

灰椋鸟

拉丁学名： *Spodiopsar cineraceus*

英 文 名： White-cheeked Starling

地方俗名： 白颊椋鸟、假画眉

形态特征： 体长约 24 厘米，体型中等的椋鸟。嘴黄色、尖端黑色，脚橘色，虹膜黑褐色。头部黑色微具光泽，并杂有白色。耳羽偏白色。背部灰褐色。两翼色较背部稍深，具白色条纹。腰白色。喉部黑色，具白色纵纹。腹部灰白沾褐色。腋下及两胁灰褐色。尾黑色、尾端白色，尾上覆羽白色，尾下覆羽灰褐色。雌鸟和雄鸟大致相似。但仅前额杂有白色，头顶至后颈黑褐色。颏、喉淡棕灰色，上胸黑褐色具棕褐色羽干纹。

生态习性： 留鸟。主要以昆虫为食。栖息于低山丘陵和开阔平原地带的树林中，也可见于农田、路边和居民点附近的小块丛林中。性喜成群，飞行时亦成大群。常在农田中取食。繁殖期为 5—7 月。营巢于树洞，也在人工建筑的洞穴或人工巢箱中营巢。

分布概况： 广泛分布，常与丝光椋鸟混群，常见。

保护级别： 国家“三有”保护鸟类。

地上觅食

雀形目

怀氏虎鸫（dōng）

拉丁学名： *Zoothera aurea*

英 文 名： White's Thrush

地方俗名： 虎鸫、虎斑山鸫

形态特征： 体长约 28 厘米，体型较大的地鸫。由虎斑地鸫（*Zoothera dauma*）的亚种提升为种。嘴深褐色，脚橘色偏粉红，虹膜褐色。头顶棕褐色，具细密的白色鳞状纹，眼先棕白色、微具黑色羽端，眼周棕白色，耳羽、颊一头侧、颧纹白色或棕白色微具黑色端斑，耳羽后缘有一黑色块斑。背部黄褐色，具粗著的深褐色鳞状斑纹。两翼黄褐色，具黑色或深褐色羽缘。翼下覆羽白色，具一条粗著黑色宽带。腰部亦为黄褐色，具黑褐色横纹。前胸亦密布黑褐色鳞状斑纹，腹部白色，两胁沾黄褐色。尾部黄褐色，尾下覆羽白色。

生态习性： 冬候鸟。地栖性，主要以昆虫和无脊椎动物为食。栖息于密林下的地面。常单独或成对活动，性胆怯，见人即飞。多贴地面在林下飞行，有时亦飞到附近树上。能在地上迅速奔跑，多在林下地上落叶层中觅食。繁殖期为 5—8 月。常营巢于溪流两岸的混交林和阔叶林内。

分布概况： 温泉酒店周边。

保护级别： 国家“三有”保护鸟类，中日候鸟保护协定物种。

雀形目

乌鸫

拉丁学名： *Turdus mandarinus*

英 文 名： Chinese Blackbird

地方俗名： 百舌、反舌

形态特征： 体长约29厘米，体型较大的黑色鸫。嘴橘黄色，脚黑色，虹膜褐色。雄鸟通体黑色，眼圈黄色。尾黑色，较身体颜色更深。雌鸟上体黑褐色，下体深褐色，嘴暗绿黄色至黑色，喉、胸具深褐色纵纹。幼鸟类雌鸟，色较淡，下体密布鳞状斑。

生态习性： 留鸟。杂食性。栖息于林地、村镇边缘，平原草地或园圃间，亦常至垃圾堆及厕所等处找食。常单独或三五成群地在地面奔跑觅食。叫声婉转，韵律多变，因此它又称“百舌”。性不惧人。常在小溪、池塘、林荫道路附近筑巢，营巢于乔木的枝梢上或枝丫间。

分布概况： 广泛分布于村庄周边，常见。

冬季聚群

雄鸟

雌鸟

捕食蚯蚓

屋顶休息

幼鸟

雀形目

红尾鸫

拉丁学名： *Turdus naumanni*

英 文 名： Naumann's Thrush

形态特征： 体长约 25 厘米，体型中等的鸫。上嘴偏黑色、下嘴黄色，脚褐色，虹膜褐色。头顶灰褐色，具黄色眉纹，眼先黑色，耳羽棕褐色。背部灰褐色，腰栗色。两翼色较深，飞羽各具栗、白、黑色羽缘，翼下覆羽红褐色。颏、喉黄棕色，具黑色纵纹，胸前红栗色，腹中间白、两胁具栗色鳞状斑。尾较长、红褐色，尾下覆羽白色。

生态习性： 冬候鸟。主要以昆虫为食。栖息于林缘疏林灌丛和农田地区。常集成数十只、上百只的大群。性活跃，一般在地上活动和觅食，边跳跃觅食边鸣叫。繁殖期为 5—8 月。常营巢于树干水平枝杈上，也在树桩或地上营巢，偶尔在悬崖边营巢。

分布概况： 广泛分布，罕见。

上为斑鸫，下为红尾鸫

雀形目

斑鸫

拉丁学名： *Turdus eunomus*

英 文 名： Dusky Thrush

地方俗名： 穿草鸡、斑点鸫

形态特征： 体长约 25 厘米，中等体型的灰褐色鸫。上嘴偏黑色，下嘴黄色具黑端。脚褐色。虹膜黑褐色。上体从头至尾暗橄榄褐色杂有黑色；具白色眉纹。下体白色，喉、颈侧、两胁和胸具黑色斑点，有时在胸部密集成横带；两翅红褐色。尾黑褐色。

生态习性： 冬候鸟。主要以昆虫为食。喜活动于平原田地或开阔山坡的草丛灌木间，在丘陵、林缘等地带觅食。单独或结小群活动。

分布概况： 广泛分布，常见。

保护级别： 国家“三有”保护鸟类，中日候鸟保护协定物种。

地面捕食

聚群树上休息

雀形目

红尾歌鸲（qú）

拉丁学名： *Lavvivora sibilans*

英 文 名： Rufous-tailed Robin

地方俗名： 红腿欧鸲、红腰鸥鸲、棕尾歌鸲

形态特征： 体长约 13 厘米，体型较小的歌鸲。嘴黑褐色、细长，脚粉褐色、长而健，虹膜褐色。头顶深褐色，嘴基至眼上部具一条白色过眼纹，眼圈白色。耳羽褐色具细纹。后颈至背部均深褐色，两翼红褐色，具黑色或暗褐色羽缘。腰部红褐色。下体白色，颏、喉、前胸密布褐色鳞状斑，两胁黄褐色。尾较长，红褐色，尾下覆羽白色。

生态习性： 旅鸟。主要以昆虫为食，常栖于密林的林下灌丛。擅长鸣唱，叫声短促而嘹亮，历久不息。繁殖期为 5—7 月。常营巢于灌丛中，或地上凹坑内，也在树根和河岸崖壁洞穴中营巢。

分布概况： 石门峡、太平湖的林地，过境期常见。

保护级别： 国家“三有”保护鸟类，中日候鸟保护协定物种。

雀形目

红胁蓝尾鸲

拉丁学名： *Tarsiger cyanurus*

英 文 名： Organge-flanked Bluetail

地方俗名： 蓝尾巴根子、蓝尾欧鸲

形态特征： 体长约 15 厘米，雌雄异色。嘴黑色，脚黑褐色，虹膜褐色。雄鸟头部蓝色，眉纹、眼圈白色。耳羽深蓝具细小黑纹。背部浅蓝色。两翼亮蓝色，飞羽具黑色羽缘。颏、喉白色，胸部有浅蓝偏黄色胸带，腹部白色，两胁橙红色。腰、尾蓝色。雌鸟头部暗褐色，眉纹不甚明显；背部褐色，两翼亦为褐色；下体白色，胸部具浅褐色胸带，两胁橙色；腰、尾蓝色，较雄鸟色浅。

生态习性： 冬候鸟。杂食性。栖息于各种林地。多在林下灌丛中觅食活动，常单独或成对活动，有时亦见成 3 ～ 5 只的小群。主要营巢于海拔 1 000 米以上的茂密森林。

分布概况： 广泛分布，冬季常见。

保护级别： 国家“三有”保护鸟类，中日候鸟保护协定物种。

雄性亚成鸟

雌鸟

雄鸟

雀形目

鹊鸲

拉丁学名： *Copsychus saularis*

英 文 名： Oriental Magpie Robin

地方俗名： 信鸟、四喜

形态特征： 体长约 20 厘米，中等大小的黑白鸲，雌雄异色。嘴黑色，脚黑色，虹膜褐色。雄鸟头、颈、背均为黑色具辉蓝色光泽。两翼黑色具光泽，具显著白色带斑。下体胸以上黑色，胸以下白色，两胁沾黑色。尾长，中央两对尾羽黑色，两侧尾羽白色。雌鸟较雄鸟暗淡，体羽灰色。

生态习性： 留鸟。杂食性。栖息于村寨和居民点附近、城市公园和庭院。性活泼、大胆，不畏人。单独或成对活动。清晨常高高地站在树梢或房顶上鸣叫，鸣声婉转多变，悦耳动听。繁殖期为 4—7 月。常营巢于树洞、墙壁、洞穴以及房屋屋檐缝隙等建筑物洞穴中，有时也在树枝丫处营巢。

分布概况： 谭家桥、汤口等村庄周边，常见。

保护级别： 国家“三有”保护鸟类。

雌鸟

雀形目

北红尾鸲

拉丁学名： *Phoenicurus auroreus*

英 文 名： Daurian Redstart

地方俗名： 红尾溜、大红燕、黄尾鸲

形态特征： 体长约 15 厘米，中等体型的红尾鸲，雌雄异色。嘴黑色，脚灰褐色，虹膜暗褐色。雄鸟头顶至上背灰色。额、头侧、颈侧、喉、下背及肩黑色。腰、尾上覆羽及下体余部橙棕色。两翼黑色，具明显白色翼斑。中央尾羽黑色，两边橙棕色。雌鸟较雄鸟小，体羽褐色为主。

生态习性： 留鸟。主要以昆虫为食。栖息于山地、森林、河谷、林缘和居民点附近的灌丛与低矮树丛中。常单独活动。行动敏捷，频繁地在地上和灌丛间跳来跳去啄食虫子，偶尔也在空中飞翔捕食。繁殖期为 4—7 月。营巢环境多样。

分布概况： 广泛分布，冬季较常见。光明顶附近有繁殖。

保护级别： 国家“三有”保护鸟类，中日候鸟保护协定物种。

雄性背部

取食植物种子

幼鸟，取食昆虫

雄性

雌鸟

雀形目

红尾水鸲

拉丁学名： *Rhyacornis fuliginosa*

英 文 名： Plumbeous Water Redstart

地方俗名： 蓝石青儿、铅色翁、溪红尾鸲

形态特征： 体长约 14 厘米，体型较小的水鸲，雌雄异色。嘴黑色，脚雄鸟黑色、雌鸟暗褐色，虹膜褐色。雄鸟通体暗蓝灰色，两翅黑褐色，尾红色。雌鸟上体灰黑色；两翼黑褐色且具白色或黄色斑纹；下体白色，具黑褐色鳞状斑纹；尾上覆羽和尾下覆羽白色，尾羽暗褐色，基部白色，并由内向外基部白色范围逐渐扩大，到最外侧一对尾羽几乎全为白色。

生态习性： 留鸟。主要以昆虫为食。栖息于山地溪流与河谷沿岸，尤以多石的林间或林缘地带的溪流沿岸较常见，也出现于平原河谷和溪流，偶尔也见于湖泊、水库、水塘岸边。常单独或成对活动。主要在水面觅食。有时也在地上快速奔跑啄食昆虫。善抖尾，还会将尾散成扇状，并左右来回摆动。繁殖期为 3—7 月。常营巢于河谷与溪流岸边，巢多置于岸边悬岩洞隙、岩石或土坎下凹陷处，也在岸边岩石缝隙和树洞中营巢。

分布概况： 广泛分布于溪流等水环境，优势种。

雌鸟

雄性亚成鸟

捕食昆虫

幼鸟

雌鸟尾羽展开

雌鸟正面

雀形目

白顶溪鸲

拉丁学名： *Chaimarrornis leucocephalus*

英 文 名： White-capped Water Redstart

形态特征： 体长约 19 厘米，体型较大的溪鸲。嘴、跗蹠、趾及爪等均黑色，虹膜暗褐色。雄性成鸟头顶至枕部白色。上体、喉、胸均黑蓝色，并具辉亮光泽。下体橙褐色。尾长，橙褐色，具宽阔黑色端斑。雌鸟与雄鸟同色，但各羽色泽较雄体暗淡且少辉亮。

生态习性： 旅鸟。主要以昆虫为食。常栖息于山区河谷、山间溪流边等生境中。常单个或成对活动，有时也见到 3 ～ 5 只在一起互相追逐。在岩石上活动或站立时，尾部竖举、散开呈扇形，并上下不停地弹动。一般不太怕人。繁殖期为 4—6 月。巢隐蔽，通常筑在山间急流岩岸的裂缝、石头下、岩洞、树洞、树根间。

分布概况： 记录于石门峡溪流生境，为安徽省鸟类新记录种。

翘尾

捕食昆虫

背部特征

雀形目

小燕尾

拉丁学名： *Enicurus scouleri*

英 文 名： Little Forktail

地方俗名： 小剪尾、点水鸦雀

形态特征： 体长约 13 厘米，体型较小的黑白燕尾。嘴黑色，脚肉粉色，虹膜褐色。额白色，头顶至上背均为黑色。背部及腰黑色，但腰上贯一条明显的白色横斑。两翼黑色，飞羽具白色羽缘。下体白色，两胁略沾黑褐色。尾较短，中央黑色，两侧白色。幼鸟额和头顶前部黑褐色，颏、喉和前胸近白，羽端黑褐色，其余部分与成鸟同，而黑色部分较成鸟淡。

生态习性： 留鸟。主要以昆虫为食。栖息于山涧溪流与河谷沿岸。常单独或成对活动。甚活跃。停立时尾有节律地上下摇摆或扇开。繁殖期为 4—6 月。常营巢于森林中山涧溪流沿岸岩石缝隙间和壁缝上，巢隐蔽。

分布概况： 广泛分布于黄山溪流生境，常见。

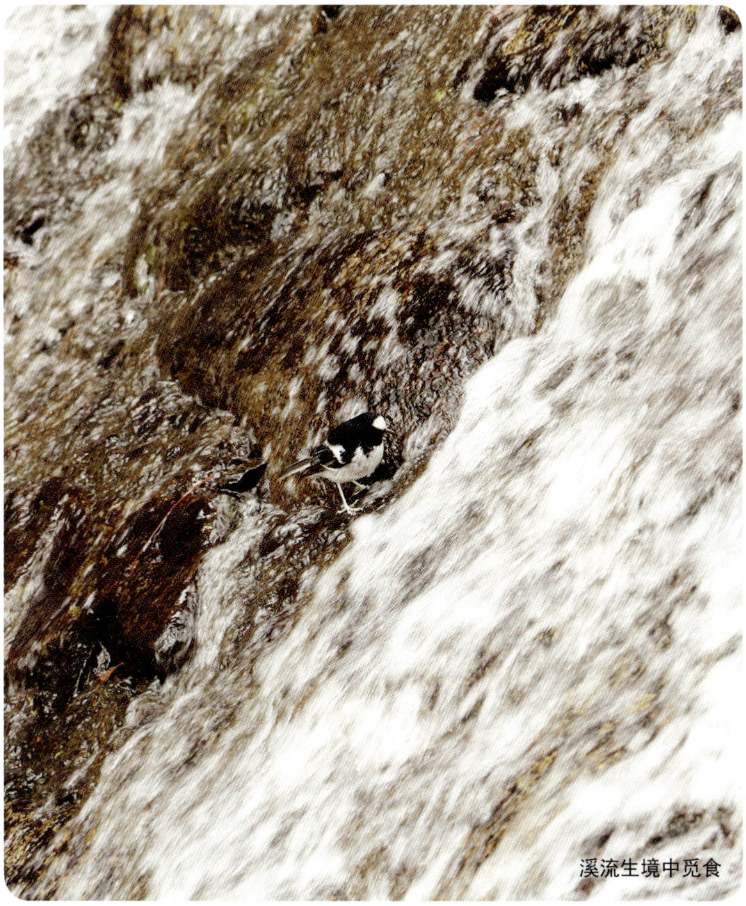

溪流生境中觅食

俯视图

雀形目

白冠燕尾

拉丁学名： *Enicurus leschenaulti*

英 文 名： White-crowned Forktail

地方俗名： 白额燕尾

形态特征： 体长约 25 厘米，体型中等的黑白燕尾。嘴黑色，脚肉粉色，虹膜褐色。上体额至头顶、下背及腰白色，其余部分黑色。两翼黑色，具白色斑纹。喉、胸部黑色，其余下体白色。尾长、呈深叉状，中央尾羽最短，往外侧尾羽依次变长，尾羽黑色具白色基部和端斑，最外侧两对尾羽几乎全白色。幼鸟上体自额至腰咖啡褐色，颏、喉棕白色，胸和上腹淡咖啡色具棕白色羽干纹，其余和成鸟相似。

生态习性： 留鸟。以水生昆虫和昆虫幼虫为食。栖息于山涧溪流与河谷沿岸。常单独或成对活动。性胆怯，平时多停息在水边或水中石头上，或在浅水中觅食。繁殖期为 4—6 月。常营巢于森林中水流湍急的山涧溪流沿岸岩石缝隙间，巢隐蔽。

分布概况： 广泛分布于黄山溪流生境，常见。

幼鸟侧面

亚成鸟

幼鸟正面

雀形目

东亚石䳭

拉丁学名： *Saxicola stejnegeri*

英 文 名： Stejneger's Stonechat

地方俗名： 黑喉石䳭、石栖鸟、谷尾鸟

形态特征： 体长约 14 厘米，雌雄异色。嘴黑色，脚黑色，虹膜黑色。由黑喉石䳭（*Saxicola maurus*）的亚种提升为独立种。雄鸟头顶黑褐色，具黄栗色斑纹。前颈黑色，后颈黑褐色具黄栗色斑纹，颈侧具白色半领环。背部黑褐色，黄栗色斑纹较稀疏。肩白。两翼黑褐色，具白色翼斑。腰白。前胸和两胁红栗色，腹白。尾黑，具白色羽缘。雌鸟较雄鸟色浅，上体灰褐色，腰褐色较黄，两胁亦偏黄。颏、喉近白色。

生态习性： 旅鸟。主要以昆虫为食。栖息于低山、丘陵、平原、草地、沼泽、田间灌丛、旷野，以及湖泊与河流沿岸附近灌丛草地。常单独或成对活动。繁殖期为 4—7 月。常营巢于土坎或塔头墩下，也在岩坡石缝、土洞、倒木树洞和灌丛隐蔽下的地上凹坑内筑巢。

分布概况： 广泛分布于农田生境，常见。

保护级别： 国家“三有”保护鸟类，中日候鸟保护协定物种。

左雌右雄

雀形目

栗腹矶鸫

拉丁学名： *Monticola rufiventris*

英 文 名： Chestnut-bellied Rock Thrush

地方俗名： 栗色胸石鸫、栗胸矶鸫

形态特征： 体长约 24 厘米，体型较大的矶鸫，雌雄异色。嘴黑色，脚黑色，虹膜深褐色。雄鸟头部蓝色、具辉蓝光泽，嘴基至耳羽黑蓝色。眼圈白色。背部辉蓝，具光泽，两翼色较深。颏、喉蓝色，下体锈红色。尾稍长，蓝色。雌鸟整体灰褐色，耳羽具黑褐斑纹、边缘具一明显白带。颏、喉、腹白色，颈侧、背部、前胸、两胁具鳞状褐色斑。尾黑褐色，尾下覆羽白色具黑色横斑。

生态习性： 留鸟。主要以昆虫为食。栖息于多岩石的低山峡谷以及山溪、湖泊等水域附近的岩石山地。单独或成对活动。多在地上觅食，常从栖息的高处直落地面捕猎，或突然飞出捕食空中活动的昆虫，然后飞回原栖息处。常营巢于沟谷岩石缝隙中或岩石间。

分布概况： 半山寺、耿城镇，罕见。

冬季漫游至居民区

雀形目

紫啸鸫

拉丁学名： *Myophonus caeruleus*

英 文 名： Blue Whistling Thrush

地方俗名： 鸣鸡、乌精

形态特征： 体长约23厘米，体型较大的鸫。嘴黑色，脚黑色，虹膜褐色。全身羽毛蓝紫色，羽末端具辉亮的淡紫色滴状斑，此滴状斑在头顶和后颈较小，在两肩和背部较大，腰和尾上覆羽滴状斑较小而且稀疏。远观黑色，近观蓝紫色且具辉亮的光泽。幼鸟和成鸟基本相似，但体羽无滴状斑。

生态习性： 留鸟。主要以昆虫和昆虫幼虫为食。栖息于山地森林溪流沿岸，尤以阔叶林和混交林中多岩的山涧溪流沿岸较常见。地栖性，单独或成对活动。性活泼而机警。在地上和水边浅水处觅食。繁殖期为4—7月。巢多置于溪边岩壁突出的岩石上或岩缝间，隐蔽，有时也营巢于建筑物的窗台上。

分布概况： 广泛分布于黄山溪流生境，常见。

幼鸟

换羽中，尾羽未长出

背部特征

成鸟

溪流生境

尾羽张开

雀形目

灰纹鹟

拉丁学名： *Muscicapa griseisticta*

英 文 名： Grey-streaked Flycatcher

地方俗名： 灰斑鹟、斑胸鹟

形态特征： 体长约 14 厘米，体型中等的鹟。嘴黑色较小，脚黑色，虹膜褐色。头顶灰褐色，嘴基处具白色斑，眼圈白色。颏、喉白色，颈侧具深褐色纵纹。背部灰褐色，两翼亦为灰褐色，飞羽颜色稍深偏黑色，具白色羽缘。翼长，几乎至尾端。下体白色，胸部及两胁具深褐色较粗著的纵纹。尾较长，灰褐色，尾下覆羽与腹部同色。

生态习性： 旅鸟。杂食性，主要以昆虫为食。栖息于密林、开阔森林及林缘，甚至在城市公园的溪流附近。常在栖息处捕捉昆虫。

分布概况： 耿城镇，太平湖周边，罕见。

保护级别： 国家“三有”保护鸟类，中日候鸟保护协定物种。

雀形目

乌鹟

拉丁学名： *Muscicapa sibirica*

英 文 名： Dark-sided Flycatcher

形态特征： 体长约13厘米，体型较小的鹟。嘴黑色、较其他鹟更小，脚黑色。虹膜深褐色。头部灰褐色，额具不明显白斑，颏、喉白色，颈侧有一较色浅纵纹，具白色半领环。背烟灰色，两翼色较深，具淡色羽缘形成的翼斑。两翼较长，至尾2/3处。下体白色，前胸及两胁具灰褐色纵纹。尾较长，灰褐色，尾上覆羽灰色，尾下覆羽白色。

生态习性： 旅鸟。杂食性，主要以昆虫为食。栖息于山区或山麓森林的林下植被层及林间。常立于裸露枝条，冲出捕捉过往昆虫。繁殖期为5—8月。常营巢于树干水平枝杈上，也在树桩或地上营巢，偶尔在悬崖边营巢。

分布概况： 耿城镇、太平湖周边，罕见。

保护级别： 国家“三有”保护鸟类，中日候鸟保护协定物种。

雀形目

白腹蓝鹟

拉丁学名： *Cyanoptila cyanomelana*

英 文 名： Blue-and-white Flycatcher

地方俗名： 白腹鹟、白腹姬鹟、白腹蓝姬鹟

形态特征： 体长约17厘米，体型较大的蓝、白色姬鹟，雌雄异色。嘴黑色，脚黑色，虹膜褐色。上体多为蓝色，额、脸、喉、上胸及两胁黑色泛蓝，下胸、腹部及尾下白色。尾深蓝色，外侧尾羽基部白色。雌鸟上体灰褐色，具明显白色眼圈，耳羽色较浅。颏、喉白色。两翼红褐色，具黑色翼斑及翼缘。尾红褐色，具灰色纵条纹。下体白色，前胸及两胁沾灰褐色。

生态习性： 旅鸟。杂食性，主要以昆虫为食。栖息于森林及林缘灌丛。常在林冠层取食昆虫。繁殖期为5—7月。营巢于周围有茂密植物掩蔽的崖壁或岩壁。

分布概况： 温泉酒店周边，罕见。

保护级别： 中日候鸟保护协定物种。

雀形目

橙腹叶鹎

拉丁学名： *Chloropsis hardwickii*

英 文 名： Orange-bellied Leafbird

地方俗名： 彩绿、橙腹木叶鸟

雄

形态特征： 体长约 20 厘米，体型较大且色彩鲜亮的叶鹎。嘴较长且下弯，黑色。脚石灰色。虹膜褐色。雄鸟头顶绿色沾灰色。黑色过眼纹延伸到颈。眼下具两蓝色条带。髭纹钴蓝色、粗而短。背部草绿色，两翼蓝紫色具金属光泽。上胸微缀紫蓝色。腹部橙黄色。两胁青绿色。尾黑褐色。雌鸟较小，上体全为草绿色，额和头顶不沾黄色，两翅表面、尾上覆羽和尾羽表面均为草绿色，髭纹淡钴蓝色。喉中部至上胸和腹部两侧均为浅绿色，橙色仅限于腹部中央和尾下覆羽。

生态习性： 留鸟。杂食性，主要以昆虫为食。栖息于低山丘陵和山脚平原地带的森林中，村寨、果园、地头和路边树上亦可见。常成对或成小群活动。性活泼，叫声悦耳动听。繁殖期为 5—7 月。营巢于森林中树上。

分布概况： 谭家桥，偶见。

保护等级： 国家“三有”保护动物。

雌

雀形目

山麻雀

拉丁学名： *Passer cinnamomeus*

英 文 名： Russet Sparrow

地方俗名： 红雀、赭麻雀

形态特征： 体长约 14 厘米，偏红色的麻雀，雌雄异色。嘴黑色，脚黄褐色，虹膜褐色。雄鸟头顶栗红色，眼先和眼后黑色，头侧白色。背部红栗，具黑色斑纹。两翅暗褐色，具白色、皮黄色、栗色、黑色等杂色羽缘斑纹。下体白色沾皮黄色，颏、喉中央黑色。尾褐色，尾羽具土黄色羽缘。雌鸟贯眼纹褐色，一直向后延伸至颈侧，眉纹皮黄白色；上体橄榄褐色，上背杂以棕褐与黑色斑纹，腰栗红色；颊、头侧、颏、喉皮黄色，下体淡灰棕色，腹部中央白色，两翼和尾颜色同雄鸟。

生态习性： 留鸟。杂食性。栖息于各类森林和灌丛中。喜结群，飞行力较其他麻雀强。繁殖期为 4—8 月。营巢于山坡岩壁天然洞穴中，也筑巢在堤坝、桥梁洞穴或房檐下和墙壁洞穴中。

分布概况： 浮溪、石门峡等地，分布较广，常见。

保护级别： 国家“三有”保护鸟类，中日候鸟保护协定物种。

左雌右雄

雄鸟捕食昆虫

幼鸟

飞行

雌鸟

群体栖息于树上

雀形目

麻雀

拉丁学名： *Passer montanus*

英 文 名： Eurasian Tree Sparrow

地方俗名： 家雀、树麻雀

形态特征： 体长约 14 厘米，非常常见的鸟。嘴黑色，锥状，脚浅褐色，虹膜深褐色。上体栗色，头、颈栗色较深，眼先及眼周黑色，脸颊具黑色大斑。肩羽有两条白色的带纹。背部栗色较浅，饰以黑色条纹。颏、喉黑色，幼鸟的喉部为灰色，随着鸟龄的增大颜色越来越深直到呈黑色。下体灰白色，前胸灰色较深。两胁下略沾黄褐色。尾浅褐色，尾上覆羽黄褐色，尾下覆羽灰白色。

生态习性： 留鸟。杂食性。多活动在有人类居住的地方，栖息于居民点和田野附近。性胆大活泼，喜集群。适应性强，繁殖力强。多营巢于人类建筑物的缝隙中，如屋檐、墙洞等，有时会占领家燕的窝巢，在野外多筑巢于树洞或土洞中。

分布概况： 广泛分布于人居环境，常见。

保护级别： 国家“三有”保护鸟类，中日候鸟保护协定物种。

利用金腰燕旧巢繁殖

雀形目

白腰文鸟

拉丁学名： *Lonchura striata*

英 文 名： White-rumped Munia

地方俗名： 十姊妹、十姐妹

形态特征： 体长约 11 厘米，体型中等的棕褐色小鸟。上嘴黑色、下嘴蓝灰色，脚深灰色，虹膜红褐色。头颈以及背部皆为黑褐色，具白色细条纹。腰白色。上胸栗色，具浅黄色羽干纹和淡棕色羽缘，下胸、腹和两胁白色或灰白色，具不明显的淡褐色鳞状斑；尾黑色，呈楔状。

生态习性： 留鸟。杂食性，主要以谷物为食。栖息于低山、丘陵和山脚平原地带，尤以溪流、苇塘、农田耕地和村落附近较常见。性好结群，常常挤成一排休息。营巢于村庄、农田附近的树上、竹丛及灌丛中。

分布概况： 广泛分布，常见。

吃芒草种子

正面

吃田螺

白腰明显

吃豆芽

吃稻谷

聚群休息

雀形目

斑文鸟

拉丁学名： *Lonchura punctulata*

英 文 名： Scaly-breasted Munia

地方俗名： 鳞胸文鸟、小纺织鸟、香雀

形态特征： 体长约 10 厘米，体型略小的文鸟。嘴黑色，脚暗铅色，虹膜红褐色。上体棕褐色，并杂有异色细纹。下体稍偏白色，具红褐色或浅栗色鳞状斑；尾为暗黄色，尾下覆羽皮黄色。幼鸟上体淡褐色或淡黄褐色，下体皮黄褐色或土褐色，无鳞状斑。

生态习性： 留鸟。杂食性，主要以谷物为食。主要栖息于低山、丘陵、山脚和平原地带的农田、村落、林缘疏林及河谷地区。喜集群，亦与麻雀和白腰文鸟混群。营巢于靠近主干的茂密侧枝。

分布概况： 广泛分布，罕见。

群体树上休息

取食谷粒

雀形目

山鹡鸰

拉丁学名： *Dendronanthus indicus*

英 文 名： Forest Wagtail

地方俗名： 林鹡鸰、树鹡鸰

形态特征： 体长约 17 厘米，中等体型的鹡鸰。嘴角质褐色，下嘴色较淡，脚偏粉色细长，虹膜灰色。头部橄榄褐色，眉纹白色，从嘴基直达耳羽上方。耳羽褐色。颏、喉白色。上体灰褐色，两翼黑褐色，具两条白色粗横斑。飞羽色较浅。下体白色，胸上具两道黑色的横斑，下面的横纹有时不完整。尾长褐色，最外侧白色，尾下覆羽白色。

生态习性： 夏候鸟。主要以昆虫为食。单独或成对在开阔森林地面穿行。停栖时，尾轻轻往两侧摆动，不似其他鹡鸰尾上下摆动。飞行时为典型鹡鸰类的波浪式飞行。在林间捕食，不似其他鹡鸰喜水边活动。繁殖期为 5—6 月。常筑巢于大树的横枝上。

分布概况： 记录于新庄附近，罕见。

保护级别： 国家“三有”保护鸟类，中日候鸟保护协定物种。

雀形目

白鹡鸰

拉丁学名： *Motacilla alba*

英 文 名： White Wagtail

地方俗名： 白颤儿、白面鸟

幼鸟

形态特征： 体长约 18 厘米，体型中等的黑白鹡鸰，亚种繁多，如普通亚种 *Motacilla alba leucopsis*。嘴黑、细尖，脚黑、细长，虹膜褐色。头顶至后颈黑色，前额、脸、喉白色。背部黑色。翼上具白斑。颏、喉白色，胸前具一块黑色宽阔横斑。腹部白色。尾长而窄，常上下摆动，灰黑色，两侧边缘尾羽白色，尾下覆羽白色。雌鸟似雄鸟，但背部颜色较暗淡，翼上白斑较分散，胸前横带较窄。国内分布有 6 个亚种，体色有些许差别。

生态习性： 留鸟。杂食性，主要以昆虫为食。多栖息于地上或岩石上，有时也栖息于小灌木或树上，多在水边或水域附近的草地、农田、荒坡或路边活动。常单独活动，经常见到聚大群于树上夜栖。常在地上慢步行走或跑动捕食，也见在水面上飞行捕捉水面昆虫。受惊吓后则斜着起飞，边飞边鸣，飞行波浪状。

分布概况： 广泛分布于草坪、溪流等开阔地，常见。

保护级别： 国家“三有”保护鸟类，中日候鸟保护协定物种。

普通亚种 *Motacilla alba leucopsis*

灰背眼纹亚种 *Motacilla alba ocularis*

湿地中捕食

水面上飞行中捕食

雀形目

黄鹡鸰

拉丁学名： *Motacilla tschutschensis*

英 文 名： Eastern Yellow Wagtail

地方俗名： 东黄鹡鸰、东方黄鹡鸰

形态特征： 体长约 12 厘米，中等大小的鹡鸰。体色以黄色为主，亚种分化多。嘴黑色，脚黑色，虹膜褐色。头顶蓝灰色或暗色。上体橄榄绿色或灰色，具白色、黄色或黄白色眉纹。飞羽黑褐色具两道白色或黄白色横斑。尾黑褐色，最外侧两对尾羽大都白色。下体黄色。

生态习性： 旅鸟。主要以昆虫为食。常在林缘、林中溪流、平原河谷、农田、湖畔和居民点附近活动。多在地上捕食。多成对或小群活动，迁徙期亦见大群活动。喜欢停栖在河边或河心石头上，尾不停地上下摆动。飞行时两翅一收一伸，呈波浪式前进。常常边飞边叫，鸣声“唧—唧”。繁殖期为 5—7 月。巢甚隐蔽。

分布概况： 谭家桥农田生境，过境常见，数量多。

保护级别： 国家“三有”保护鸟类，中日、中澳候鸟保护协定物种。

农田中聚群的黄鹡鸰

macronyx 亚种

tschutschensis 亚种

taivana 亚种

雀形目

灰鹡鸰

拉丁学名： *Motacilla cinerea*

英 文 名： Grey Wagtail

地方俗名： 黄腹灰鹡鸰、灰鸰、马兰花儿

形态特征： 体长约 19 厘米，体型中等的偏灰色鹡鸰。嘴黑色，脚肉黄色，虹膜褐色。头部灰色，具白色过眼纹，耳羽及颊黑色，下眼圈偏白色。夏季雄鸟喉部黑色，冬季白色，雌鸟全年皆白色。后颈至背部灰色。翼黑色，且有一条白色横斑。下体黄色，腋下覆羽沾白色。尾较其他鹡鸰稍长，黑色，羽缘白色。尾上覆羽以及尾下覆羽均黄色。

生态习性： 留鸟。主要以昆虫为食。栖息于溪流、河谷、湖泊等水域岸边或水域附近陆地上，也出现在林中溪流和城市公园中。常单独或成对活动，有时也集成小群或与白鹡鸰混群。多在水边行走或跑步捕食，有时也在空中捕食。繁殖期为 5—7 月。营巢位置多样，在河边土坑、水坝、石头缝隙、石崖台阶、河岸倒木树洞、房屋墙壁缝隙等各类生境中均有营巢。

分布概况： 广泛分布于溪流环境，常见。

保护级别： 国家“三有”保护鸟类，中澳候鸟保护协定物种。

雀形目

树鹨

拉丁学名： *Anthus hodgsoni*

英 文 名： Olive-backed Pipit

地方俗名： 树鲁、木鹨、地麻雀

形态特征： 体长约 16 厘米，体型中等的鹨。嘴小而尖，上嘴角质色，下嘴偏粉红色；脚肉色或是肉褐色；虹膜褐色。头顶橄榄绿色，具细密的黑褐色纵纹，往后到背部纵纹逐渐不明显。白色眉纹后有一小块耳纹，似眉纹断开。背部橄榄绿色。两翅黑褐色具橄榄绿色羽缘。胸皮黄白色，胸和两胁具粗著的黑纵纹，腹白色。尾黑褐色具橄榄绿色羽缘。

生态习性： 冬候鸟。主要以昆虫为食。常活动在林缘、路边、河谷、林间空地等各类生境，也出现在居民区附近。常成小群活动。多在地上奔跑觅食，受惊吓后飞到树上或电线等高处停栖。繁殖期为 6—7 月。常营巢于林缘、林间路边或林中空地等开阔地区地上草丛或灌木旁凹坑内，也在林中溪流岸边石隙下浅坑内营巢。

分布概况： 广泛分布，常见。

保护级别： 国家“三有”保护鸟类，中日候鸟保护协定物种。

地上觅食

受惊后飞到树上

雀形目

黄腹鹨（liù）

拉丁学名： *Anthus rubescens*

英 文 名： Buff-bellied Pipit

形态特征： 体长约 15 厘米，黄褐色的鹨。上嘴角质色，下嘴偏粉色，脚暗黄色，虹膜褐色。上体褐色浓重，背部具较明显黑色纵纹。下体皮黄色，胸及两胁纵纹浓密，颈侧具近黑色的块斑。

生态习性： 冬候鸟。杂食性，主要以昆虫为食。常活动在林缘、路边、河谷、林间空地、草地等各类生境，冬季喜沿溪流的湿润多草地区及稻田活动。多小群活动。性活跃，不停地在地上或灌丛中觅食。繁殖期为 5—7 月。常营巢于林缘及林间空地，河边或湖畔草地上，也在沼泽或水域附近草地和农田地边营巢。

分布概况： 新安江江畔，常见。

雀形目

燕雀

拉丁学名： *Fringilla montifringilla*

英 文 名： Brambling

地方俗名： 虎皮燕雀、虎皮雀、花鸡、花雀

形态特征： 体长约 16 厘米，体型中等的雀。嘴基黄色、嘴尖黑色，脚暗褐色，虹膜褐色。雄鸟繁殖羽头部灰黑色，稍泛蓝色。颏、喉红褐色。背部亦为灰黑色，肩部红褐色。两翼色与背部相似，具白色翼斑和白色羽缘。前胸红褐色，腹白。两胁黄褐色偏红色，具黑色斑。尾上覆羽白色，尾黑色，尾下覆羽为白色。雌鸟羽色较雄鸟淡，上体黑色部分被褐色取代，且具淡色羽缘，头和背部具不明显的纵纹。

生态习性： 冬候鸟。杂食性。栖息于各类森林中，冬季农田生境较常见。喜集群，常聚大群活动。繁殖期为 5—7 月。巢多置于树上紧靠主干的分枝处。

分布概况： 广泛分布，常见。

保护级别： 国家“三有”保护鸟类，中日候鸟保护协定物种。

群体

雀形目

普通朱雀

拉丁学名：*Carpodacus erythrinus*

英 文 名：Common Rosefinch

地方俗名：金溜、发红、红马料儿

形态特征：体长约 15 厘米，体型略小的朱雀。嘴灰色，脚近黑色，虹膜深褐色。雄鸟头部深朱红色，眼周色较暗。背部呈暗褐色，具不明显的深色纹，两翅黑褐色，具红色羽缘。腰深红色。胸至腹和两胁逐渐转淡，呈淡洋红色或淡红色，腹中央灰白色、微沾粉红色。尾羽黑褐色，羽缘沾棕红色。雌鸟上体灰褐色或橄榄褐色，头顶至背具暗褐色纵纹，两翅和尾黑褐色，下体皮黄白色，具暗褐色纵纹。

生态习性：夏候鸟。杂食性。主要栖息于海拔较高的针叶林和针阔叶混交林及其林缘地带。常单独或成对活动。性活泼。繁殖期为 5—7 月。营巢于有刺灌木丛或小树枝杈上，较隐蔽。

分布概况：仅记录于白鹅岭，有繁殖，为安徽鸟类新记录种。

保护级别：国家“三有”保护鸟类，中日候鸟保护协定物种。

雀形目

黄雀

拉丁学名： *Spinus spinus*

英 文 名： Eurasian Siskin

地方俗名： 金雀、黄鸟

形态特征： 体长约12厘米，体型较小的黄绿色雀类。嘴暗褐色、下嘴色较淡，脚暗褐色，虹膜深褐色。雄鸟头顶黑色，颊黄色，后颈黄色沾黑色。背部橄榄黄色，两翼色较深，飞羽黑黄色相间。腰亮黄色。喉部黄色，胸亮黄色，腹灰白色，微沾黄色。雌性成鸟头部褐色沾绿色，腰部绿黄色，亦具条纹，下体黄白色，并具些较粗的褐色羽干纹，胁部尤甚，余部同雄鸟。幼鸟与雌鸟相似，但色较褐而少黄色。

生态习性： 冬候鸟。杂食性，主要以植物为食。生活于山林、丘陵和平原地带。性活泼。营巢于林间较高的树上。

分布概况： 石门峡。

保护级别： 国家“三有”保护鸟类，中日候鸟保护协定物种。

隐蔽的黄雀群体

雀形目

金翅雀

拉丁学名： *Chloris sinica*

英 文 名： Grey-capped Greenfinch

地方俗名： 金翅、芦花黄雀

形态特征： 体长约 13 厘米，体型中等的雀类。嘴橘粉色，脚橘粉色，虹膜深褐色。雄鸟头部灰色，稍沾黑色。背、两翼红褐色，飞羽黑褐色，基部具大块黄色翼斑。下体暗红褐色。尾为叉尾。雌鸟和雄鸟相似，但羽色更褐。幼鸟和雌鸟相似，但羽色较淡，多纵纹。

生态习性： 留鸟。以植物性食物为主。常栖息于低山、丘陵、山脚和平原等开阔地带的疏林中，也出现于城镇公园、果园、苗圃、农田地边和村寨附近的树丛中或树上。常单独或成对活动，秋冬成群。繁殖期为 3—8 月。营巢于阔叶林或竹林中。

分布概况： 广泛分布，常见。

保护级别： 国家“三有”保护鸟类。

油菜地里觅食、休息

展翅

松树上觅食

聚群休息

雀形目

黑尾蜡嘴雀

拉丁学名： *Eophona migratoria*

英 文 名： Chinese Grosbeak

地方俗名： 蜡嘴子

形态特征： 体长约 19 厘米，中等体型的鸣禽。嘴黄色端黑、硕大，脚粉褐色，虹膜红褐色。雄鸟头部黑色，后颈黄色沾橙红色。颏、喉黑色。背部黄色，上背沾橙红色。两翼灰黑色，具蓝色金属光泽。下体黄色。尾黑色浅凹。雌鸟整个头和上体灰褐色，背、肩微沾黄褐色，腰近银灰色，两翼黄灰色，翼缘黑色，下体淡灰褐色，腹、两胁沾橙黄色。幼鸟和雌鸟相似，但羽色较浅淡，下体污白色。

生态习性： 冬候鸟。杂食性，以植物性食物为主。栖息于低山和山脚平原地带，也出现于林缘疏林、河谷、果园、城市公园以及农田地边和庭院中。繁殖期间单独或成对活动，非繁殖期可集成数十只的大群。性活泼而大胆，不甚怕人。繁殖期为 5—7 月。营巢于树的侧枝枝杈上。

分布概况： 广泛分布，常见。

保护级别： 国家“三有”保护鸟类，中日候鸟保护协定物种。

取食植物种子

聚群在地上觅食

上雌下雄

雀形目

凤头鹀

拉丁学名： *Emberiza lathami*

英 文 名： Crested Bunting

地方俗名： 凤头雀

形态特征： 体长约 17 厘米，体型较大的鹀，雌雄异色。上嘴近黑色、下嘴基部肉色，脚肉褐色，虹膜深褐色。雄鸟春季冠羽较长。整体黑色，并带蓝绿色金属光泽；两翼以及尾部鲜栗色。雌鸟上体暗褐色，具宽大灰褐色纵纹；翼覆羽棕褐色，飞羽红栗色，尾羽棕褐色，外侧尾羽具栗红色楔状斑，下体锈黄色，两胁较暗而沾绿色，胸微具暗褐色纵纹。幼鸟与雌鸟相似，但冠羽很短或无。

生态习性： 留鸟。杂食性，以植物性为主。栖息于山麓的耕地和岩石斜坡上，也见于市区和乡村。不喜结群。性羞怯。繁殖期为 5—8 月。营巢地的选择性不强。

分布概况： 谭家桥，罕见。

保护级别： 国家“三有”保护鸟类。

电线上休息的雄鸟

雀形目

蓝鹀

拉丁俗名： *Emberiza siemsseni*

英 文 名： Slaty Bunting

地方俗名： 蓝雀儿

形态特征： 体长约 13 厘米，体型较小的鸟。嘴黑色圆锥形，脚肉黄色，虹膜深褐色。雄鸟，除下腹至尾下覆羽处色白外，通体石板灰蓝色。雌鸟，上体棕褐色，背部具较深纵纹；飞羽褐色，具棕褐色羽缘；尾羽灰褐色，羽缘色浅，最外侧尾羽有细长的白斑；下体色较浅，胸和两胁棕褐色；腹和尾下覆羽白色；腋羽白色；翼下覆羽褐色。

生态习性： 留鸟。杂食性。常栖息于海拔较高的次生林和灌丛中。性胆大，不甚怕人。一般多单独活动，有时也结成 3 ～ 5 只的小群，在地上、电线上或山边岩石和幼树上活动和觅食。常营巢于乔木以及灌木丛中。

分布概况： 主要记录于黄山主景区，白鹅岭至玉屏索道上站口沿途常见。

保护级别： 中国特有种，国家“三有”保护鸟类。

取食食物碎屑，雌

取食昆虫，雄

雏鸟

取食昆虫，雄

雌鸟

喂雏

雀形目

白眉鹀

拉丁学名： *Emberiza tristrami*

英 文 名： Tristram's Bunting

地方俗名： 白三道儿、小白眉、五道眉

形态特征： 体长约15厘米，体型中等的鹀。嘴褐色，脚肉色，虹膜黑色。雄鸟头黑色，头顶中央具白色冠纹显著，白色的眉纹、髭纹长而显著。耳羽后有一白点。上体栗褐色沾橄榄灰色。两翼深褐具红栗色羽缘。胸及两胁棕褐色、具暗色纵纹，其余下体白色。雌鸟头棕色，图纹似雄鸟，但暗淡。

生态习性： 冬候鸟。杂食性，以动物性食物为主。常见于山地森林，栖息于针阔混交林和针叶林带以及喜在山溪沟谷、林缘、林间空地和林下灌丛或草丛活动。单个或成对活动，善隐蔽。繁殖期为5—7月。常营巢于溪边和沟谷附近的林下灌丛。

分布概况： 广泛分布，常见。

保护级别： 国家“三有”保护鸟类，中日候鸟保护协定物种。

腹面观

雌鸟

雄鸟

雀形目

栗耳鹀

拉丁学名： *Emberiza fucata*

英 文 名： Chestnut-eared Bunting

地方俗名： 赤胸鹀、高粱颏儿、赤脸雀

形态特征： 体长约 16 厘米，体型略大的鹀。嘴灰黑色、锥型，脚橘黄色，虹膜深褐色。头顶灰黑色、具黑色纵纹，眼圈白色，耳羽红栗色醒目，颈侧白色，稍沾黄色。背棕栗色，具明显黑色纵纹。飞羽黑褐色，具黄棕色或白色羽缘。颏、喉白色；前胸白色具粗著黑色纵纹，下具一不连续的栗色胸带；腹白，稍沾黄色；两胁黄褐色具黑色纵纹。尾栗色，尾羽具白色或黑色羽缘。雌鸟体羽栗色较浅，胸部栗色，胸带不明显。

生态习性： 冬候鸟。杂食性，以植物性食物为主。喜栖于河谷沿岸灌丛、草地、草甸、农田等生境。繁殖期为 5—7 月。巢多筑于茂密草地或灌草丛的地上，非常隐蔽。

分布概况： 谭家桥农田生境，罕见。

保护级别： 国家“三有”保护鸟类，中日候鸟保护协定物种。

雀形目

小鹀

拉丁学名： *Emberiza pusilla*

英 文 名： Little Bunting

地方俗名： 铁脸儿、虎头儿

形态特征： 体长约 13 厘米，体型较小的鹀。嘴褐色，脚肉色，虹膜黑色。头顶红褐色，两侧黑褐色；耳羽红褐色，两侧及后端缘以黑色带纹；眉纹淡黄色。背部自上而下灰褐色逐渐偏红褐色，具深色纵纹。两翼羽色同背部，飞羽黑褐色，具黄褐或白色羽缘。颏、喉白色沾黄色，喉侧具黑色纵纹，胸白色具黑色纵纹，腹部白色，两胁具黑色斜纵纹。尾黑褐色，边缘白色，尾上覆羽棕褐色，尾下覆羽浅黄色。

生态习性： 冬候鸟。杂食性，以植物性食物为主。栖息于各种山区林地。除繁殖期间成对或单独活动外，多成小群分散活动在地上。繁殖期为 6—7 月。营巢于地上草丛或灌丛中。

分布概况： 广泛分布，常见。

保护级别： 国家“三有”保护鸟类。

小群活动

正面

雀形目

黄眉鹀

拉丁学名： *Emberiza chrysophrys*

英 文 名： Yellow-browed Bunting

地方俗名： 黄三道、五道眉儿

形态特征： 体长约 15 厘米，体型较小的鹀。上嘴褐色、下嘴灰白色，脚肉褐色，虹膜深褐色。头部黑色，具一狭窄白色冠纹；眉纹鲜黄色，耳羽后转为白色。背部灰褐色，具褐色或者红褐色纵纹。两翼羽色与背部相似。颏、喉白色，密布黑色细纹；胸侧和两胁栗褐色，具暗褐条纹；腹中央白色。尾黑褐色，中央尾羽棕褐色，两侧边缘白色。

生态习性： 冬候鸟。杂食性，以植物性食物为主。栖息于山区混交林、平原杂木林和灌丛中，一般集小群活动。或与其他鹀类混杂。觅食多在地面。繁殖期为 6—7 月。营巢于树上。

分布概况： 广泛分布，罕见。

保护级别： 国家“三有”保护鸟类，中日候鸟保护协定物种。

黄眉鹀和小鹀（右上）混群

雀形目

田鹀

拉丁学名： *Emberiza rustica*

英 文 名： Rustic Bunting

地方俗名： 九儿、田雀

形态特征： 体长约 15 厘米，体型较小的鹀。上嘴黑褐色、下嘴肉色，脚肉黄色，虹膜红褐色。雄鸟夏季头部黑色，具黑色冠羽，眉纹白色，枕部多为白色，形成一块白斑，颧纹棕白色伸至颈侧。背栗红色，具黑褐色纵纹。飞羽黑褐色，具黄褐色羽缘。前胸具红褐色纵纹，腹部白色，两胁具红褐色纵纹。尾呈黄、褐、黑相间色，外侧尾羽羽缘白色。冬季除后胸和腹部外，其余各羽均具栗色羽缘。雌鸟夏季羽色较雄鸟暗淡；头部黑褐色，面部黄褐色；胸部栗红色杂以白色而呈栗白色。冬季全体发黄；头部黄褐色，眉纹沾黄棕色。

生态习性： 冬候鸟。杂食性，以植物性食物为主。冬季常栖息于居民区周边的树林、农田等生境。通常结群，亦与其他鹀混群。性颇大胆，不甚畏人。在地面取食。繁殖期为 5—7 月。巢常建在前一年的草丛中，也在树丛中建巢。

分布概况： 石门峡、谭家桥、黄山市市郊，常见，数量较多。

保护级别： 国家“三有”保护鸟类，中日候鸟保护协定物种，IUCN 红色名录易危种（VU）。

地面觅食

群体休息

雀形目

黄喉鹀

拉丁学名： *Emberiza elegans*

英 文 名： Yellow-throated Bunting

地方俗名： 黄蓬头、黄眉子、虎头凤

形态特征： 体长约 15 厘米，体型中等的鹀。嘴黑褐色，脚肉色，虹膜深栗褐色。雄鸟头顶具黑色冠羽，冠羽下眉纹黄色、在耳羽上变为白色，枕部黄色、后颈部黑色。自眼先至耳羽黑色。颈部白色，颈基部有灰色环带。背部灰褐色，具不明显深色纵纹。两翼羽色近背部。颏、喉黄色；前胸黑色；其余下体灰白色，两胁具红棕色纵纹。尾羽的中央灰色，两边黑色具白色羽缘。雌鸟和雄鸟相似，但羽色较淡，前胸无黑色。

生态习性： 冬候鸟。杂食，主要以昆虫为食。常常结成小群活动于山麓、山间溪流平缓处的阔叶林间以及山间的草甸和灌丛。性活泼而胆小。觅食多在林下的灌草丛。繁殖期为 5—7 月。

分布概况： 谭家桥农田生境，罕见。

保护级别： 国家“三有”保护鸟类，中日候鸟保护协定物种。

雌鸟腹面

雌鸟背面

结小群在村庄周围活动

雀形目

黄胸鹀

拉丁学名： *Emberiza aureola*

英 文 名： Yellow-breasted Bunting

地方俗名： 黄胆、禾花雀

形态特征： 体长约 15 厘米，体型中等的鹀，雌雄异色。上嘴灰色、下嘴粉褐色，脚淡褐色，虹膜深褐色。繁殖期雄鸟顶冠及颈背栗色，脸及喉黑色，黄色的领环与黄色的胸腹部间隔有栗色胸带。背部红栗色，具黑色斑纹。两翼红褐色，具白色横纹，翼角白色明显。下体金黄色，两胁具黑色纵纹。尾羽黑褐色，尾下覆羽白色。雌鸟及亚成鸟体色较淡，头顶红褐色，两侧有深色的侧冠纹，眉纹淡皮黄色。

生态习性： 旅鸟。杂食性。栖息于灌丛、草地、田间。繁殖期间常单独或成对活动，非繁殖期喜成群。由于人为捕捉，数量急剧下降，2017 年被 IUCN 升级为极危物种。繁殖期为 5—7 月。巢多筑于湿地周边灌草丛下，极隐蔽。

分布概况： 谭家桥、太平湖农田生境，罕见。

保护级别： 国家“三有”保护鸟类，中日候鸟保护协定物种，IUCN 红色名录极危种（CR）。

黄胸鹀雄（左下）、黄胸鹀雌（右下），黑喉石䳭雄（左上）

雌性腹面

雌性背面

雀形目

栗鹀

拉丁学名： *Emberiza rutila*

英 文 名： Chestnut Bunting

地方俗名： 紫背儿、大红袍、红金钟雀

形态特征： 体长约 15 厘米，中等体型的栗、黄色鹀。嘴褐色，脚肉褐色，虹膜深褐色。雄鸟繁殖期的头、上体及胸部栗色；下体黄色，两胁具黑色细纹；尾黑褐色；非繁殖期羽色较暗。雌鸟羽色较暗淡，整体呈灰褐色；顶冠、上背、胸及两胁具深色纵纹；下体污黄色。

生态习性： 冬候鸟。杂食性，以植物性食物为主。喜栖于山麓或田间树上、灌丛或草甸。多成小群活动。

分布概况： 谭家桥等地农田生境，春季过境常见。

保护级别： 国家“三有”保护鸟类。

雌鸟

雀形目

灰头鹀

拉丁学名： *Emberiza spodocephala*

英 文 名： Black-faced Bunting

地方俗名： 青头雀、黑脸鹀

形态特征： 体长约 14 厘米，体型较小的鹀。上嘴近黑具浅色边缘、下嘴粉色、嘴端深色，脚粉褐色，虹膜栗褐色。雄鸟头部灰色，具黑色细纹，眼先和眼周黑色。背部灰褐色，具黑褐色纵纹。两翼红褐色，飞羽黑褐色，具浅色羽缘。喉部黄色、两侧具黑色纵纹；下体黄色，前胸及两胁具黑色纵纹。尾棕褐色，两侧边缘白色。雌鸟头部黑色细纹较密且多，背部及前胸细纹亦较雄鸟多。不同亚种体色有差异。

生态习性： 冬候鸟。杂食性。栖息于平原灌丛和较稀疏的林地、耕地等环境中。常常结成小群活动。生性大胆，不大惧人。

分布概况： 广泛分布，常见。

保护级别： 国家“三有”保护鸟类，中日候鸟保护协定物种。

雌性

主要参考文献

[1] 黄山风景区管理委员会 . 黄山珍稀动物 . 北京：中国林业出版社，2006.

[2] 李炳华 . 枯牛降自然保护区鸟类区系和若干生态的研究．安徽师范大学学报，1987，2（10）：50-60.

[3] 马敬能，菲利普斯，何芬奇 . 中国鸟类野外手册 . 长沙：湖南教育出版社，2000.

[4] 唐鑫生，程从应，胡优贵 . 黄山机场鸟类调查与鸟击防范对策探讨 . 生物学杂志，2008，25（6）：46-50.

[5] 王剑 . 安徽省五种鸟类新记录 . 黄山学院学报，2010，12（3）：52-53.

[6] 王岐山，胡小龙，刑庆仁，等 . 安徽黄山的鸟兽资源调查报告 . 安徽大学学报（自然科学版），1981，2：138-158.

[7] 吴海龙，顾长明 . 安徽鸟类图志 . 芜湖：安徽师范大学出版社，2017.

[8] 徐亚君 . 黄山市野生动物资源论证．徽州师专学报（自然科学版），1997，7（1）:1-11.

[9] 郑光美 . 中国鸟类分类与分布名录（第二版）. 北京：科学出版社，2011.

[10] 郑光美 . 中国鸟类分类与分布名录（第三版）. 北京：科学出版社，2017.

[11] 郑作新，钱燕文 . 安徽黄山的鸟类初步调查 . 动物学，1960，4（1）：10-14.

中文名索引

P

Q

S

T

W

X

Y

Z

拉丁学名索引

P

R

S

T

U

V

Y

Z

英文名索引